什麼食材適合煎？
什麼時候要大火炒？
讓炸物酥脆、滷汁入味、
烤燒不乾柴的完全料理筆記

家常菜的美味科學

女子營養大學名譽教授
松本仲子 著
蔡麗蓉 譯

目錄

第四章「拌」的訣竅

第五章「滷」的訣竅

第六章「烤、煎」的訣竅

第七章 「炒」的訣竅

第八章「炸」的訣竅

第九章「蒸」的訣竅

第十章　保存的訣竅

食譜一覽表

序章

美味的料理都有其道理所在

每一個料理步驟都具有「科學原理」

舉凡煮飯、煮味噌湯、煎蛋、炒青菜等平時常做的料理，都有特定的步驟。煮飯時要先洗米再泡水，然後放進電子鍋裡加熱；煮味噌湯時則得從高湯開始準備起。

像這樣理所當然，每天周而復始的料理步驟，究竟具有什麼意義呢？不少人被問到「為什麼煮飯前要泡水」時，反應不外乎都是「自古以來大家都是這麼做」。但是料理的每一種作法、每一道步驟，其實都是有意義的，而且追根究柢每個步驟的意義，都有其科學根據。

舉例來說，煮飯時能夠將飯煮得鬆軟，就是將白米與水共熱後，使澱粉的分子鍊結被切斷，轉變成糊化程度高的α澱粉。另外日式料理的高湯中常使用的「柴魚昆布高湯」，就是透過柴魚的肌苷酸與昆布的穀胺酸結合後，達到相輔相乘的效果，才能增添鮮醇味，所以會比單獨使用柴魚或昆布，更能強化高湯的鮮醇味。

烹調日式厚蛋捲時，會拿料理筷叉進攪拌盆底部，以切拌方式將蛋打散，避免空氣混入蛋液中，這樣才能捲出漂亮的日式厚蛋捲；但是若想烹調出口感鬆軟的歐姆蛋，打蛋時就得將料理筷拿高，使空氣混入蛋液中。

熱炒料理要靠高溫在短時間內使水分蒸發，起鍋前再加入調味料，如此才不會因為鹽等調味料的滲透壓導致脫水，避免造成湯湯水水，才能呈現乾爽口感。

美味的料理就是像這樣完成的，從備料、火候控制、調味等步驟與訣竅，都有其科學原理。只要理解這些科學原理，多留意一些細節，就能讓家常料理變得更出眾。

符合時代的料理新常識

包括煮飯等料理作法，都是經年累月代代相傳而來。古時候的人並不會根據科學原理來料理，大概都是透過多年的經驗，學會經科學佐證的智慧與技術。

但是與過去相較之下，現在食材的流通無遠弗屆，端上桌的食材種類十分多樣化，此外，在瓦斯爐、IH調理爐、家電產品、料理器具的普及下，居家的料理環境興起巨大變化，家庭結構也從大家庭變成核心家庭，甚至於獨居，人數逐漸減少。

因此，以往的智慧與技巧，與我們現代生活也出現了微妙落差。總而言之，為符合現代生活模式與飲食習慣，**從科學的角度檢視從前的料理步驟之後，才會衍生出顛覆以往常識的「新常識」**。

理解「原因」，料理起來更有趣

類似這類的「新常識」，可使料理作法變簡便，得以更輕鬆地享受烹調樂趣。掌握科學的基本原理與食材變化，理解每道步驟「為什麼要這麼做」，不再依照過去習慣的烹調方式或食譜裡的步驟如法炮製，**而是改變以及省略成自己認同的正確步驟，甚至於也能應用在其他料理上**。

最終，才能快速端出成功又美味的料理，並且使料理變化更多元，成為真正的料理高手。

第 1 章

備料的訣竅

清洗食材、去皮、分切，這些製作料理前的準備工作，稱為「備料」。例如蔬菜為了去除澀味需要事先汆燙、將無法食用的魚內臟清除乾淨，此外也包括熬製熱湯或高湯、預先醃製食材等等，備料的方法眾多，用意各有不同。細心完成備料，可帶出食材的原始風味，使料理更美味。因此事先了解調味料的特性與正確用量，也非常重要。

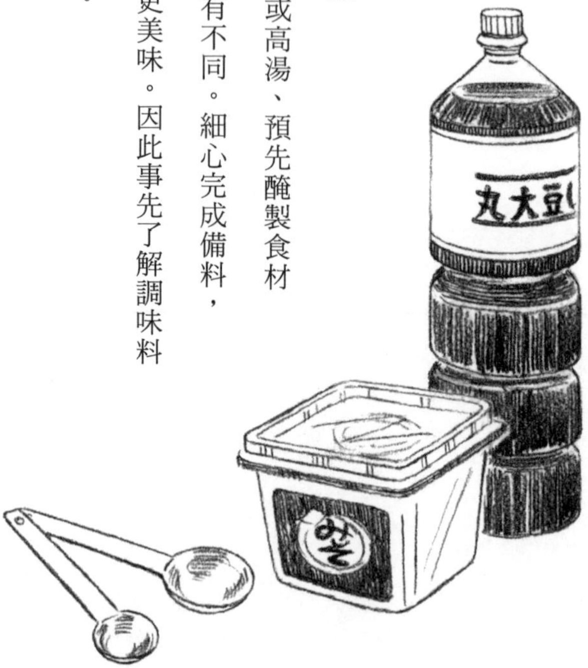

備料的用意

清洗：清洗時切記保持食材的完整性

烹調時，第一個會進行的備料工作就是清洗食材。去除附著在食材上的泥土、髒汙、農藥、細菌等異物的目的，是為了保持清潔衛生，將黏液、異臭、汙血等清理乾淨。每種食材在清洗時都有不同的訣竅，所以大家要好好學起來。

比方說菠菜等葉菜類在莖部重疊的部分會有泥土卡在裡頭，單從上頭淋水並無法去除，所以請在洗菜盆中盛水，**用手指將根部展開來，將莖部之間的泥土抖掉再清洗乾淨**。

此外像是芋頭或牛蒡這類會沾附泥土的蔬菜，直接削去外皮會殘留土腥味，所以第一步應用棕刷刷一刷，再將泥土沖掉。包括芋頭以及馬鈴薯等蔬菜，只要用棕刷刷一下，就能在洗淨泥土的同時將外皮削掉。

另外像是肉類和魚類，尤其是片好的魚肉以及生魚片，基本上都不能沖洗，否則將導致風味流失。不過**要片一條魚的時候，會造成魚腥味的血液則要充分去除，所以要沿著骨頭的部分仔細沖洗乾淨**。

菇類也是一樣，清洗後鮮醇味與營養素會流失。擔心藏汙納垢的人，用紙巾擦掉髒汙即可。

去皮：不同蔬菜的去皮方式各異

「去皮」這道工序，也是左右料理風味的關鍵備料工作之一。例如根莖類或薯類，去皮後才方便食用，使口感更佳。

有時外皮會帶嗆味及苦味，不去皮恐怕有損料理風味，但是類似牛蒡以及紅蘿蔔的營養素與香氣成分，大多富含於接近外皮的部位，所以**外皮僅止於稍微刮除即可**。

牛蒡可將泥土完全沖洗乾淨後，再用棕刷等工具輕輕地磨擦去掉外皮，或是用菜刀刀背輕輕地刮除掉。紅蘿蔔也請完全洗淨後，再用菜刀刀背將外皮刮除。

白蘿蔔以及蓮藕的外皮接觸到舌頭會感覺口感怪怪的，所以只要食譜上沒有特別說明，一般都會去皮。此時利用削皮器，會比使用菜刀更能輕鬆去除外皮。

另外從切面觀察地瓜和馬鈴薯，可發現外皮內側會出現一條線，這條線的內外側組織不同，外側較硬，所以最好要將外皮削至這條線為止。

分切：食材的切法，決定料理的呈現

食材怎麼切，幾乎可左右料理的外觀，因此「分切」這道工序是關鍵重點。

食材的切法一致，可使料理看起來美觀，熟成程度與入味程度也能均一，此外切大切小也會影響加熱時間。**分切的方向不同，也會影響食材的軟硬度**，沿著食材纖維切，硬纖維會以長條狀保留下來，因此口感扎實；將纖維切斷時，口感則會變軟。此外，**只要沿著纖維切，烹煮時食材便不容易鬆散**。

就像這樣，光靠切法就能大大改變料理完成後的狀態，因此烹調時請用心思考慮哪種切法恰當後再下手。

還有除了「切成輪狀」、「切絲」、「切成四分之一輪狀」之外，還有各式各樣的切法。若能記住許多料理使用的切法與名稱，烹調起來會更加簡便。

善用便利工具，省時又省力

分切食材時，善用切片器、廚房剪刀、削皮器等工具，料理會更輕鬆，**味道也與用菜刀切沒什麼兩樣**。

以切成輪狀及切絲等切法為例，利用切片器可以更快速、更簡單完成。僅需要少量的青蔥、韭菜、油豆

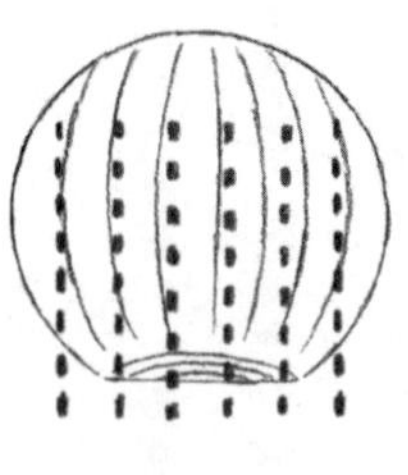

沿著纖維切。

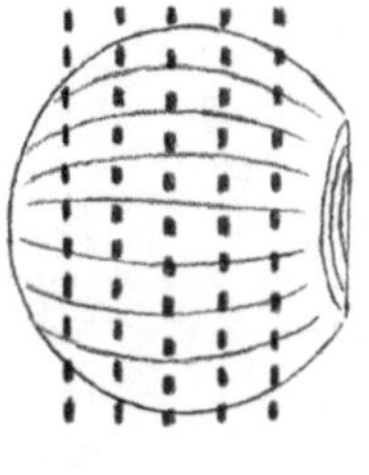

將纖維切斷。

腐、海苔等食材時，無需大費周章拿出菜刀和砧板，**使用廚房剪刀來剪反而更便利，也能減少需要清洗的器具**。

除此之外，紅蘿蔔和白蘿蔔用削皮器去皮後，直接使用削皮器直直地削片，就能削出緞帶狀的薄片，很適合用於沙拉或醃菜中。小黃瓜同樣也是善用削皮器，即可削出長薄片。善加利用方便的工具，省時又省力，即可輕鬆完成料理。

泡水：抑制變色，改善口感

蔬菜切好後有時會泡在水裡，不過各有各的目的。

地瓜、馬鈴薯、牛蒡、茄子泡水，是因為切完後直接擺著會變成咖啡色，為避免變色，切完才會泡在水中。**切絲的高麗菜及萵苣則要泡在冰水裡，才能吃到爽脆口感**，因此製作沙拉等料理時，可視個人喜好泡在水中。不過用溫水泡蔬菜會使纖維軟化，吃起來稍嫌軟爛，須特別注意。

磨泥：不同器具與磨法會影響風味

將蔬菜或薯類等食材「加工」成細碎狀，便稱作「磨泥」。例如白蘿蔔磨成泥不能使細胞受到破壞，才能將水分鎖在內部，但是山葵以及山藥磨成泥後要將細胞破壞掉，才能將辛辣味以及黏稠感展現出來。依據各種料理想要呈現出來的效果，需要使用不同的磨泥器或磨泥方式來製作，大家應好好學習才是。

舉例來說，**白蘿蔔泥要使用顆粒較粗的磨泥器，將白蘿蔔垂直平貼，以畫圓的方式慢慢磨成泥**，磨泥時力氣太大會破壞細胞，因此會磨出帶辛辣味的白蘿蔔泥。過去常說「生氣時磨白蘿蔔泥會變辣」，便是出自這個原因。另外要將山葵、薑、蒜等辛香料磨成泥時，則應**使用顆粒較細的磨泥器，如此才能破壞細胞，磨出大量的辛辣成分**。不過需要磨薑汁的時候，最好應使用粗顆粒的磨泥器來磨。

想要磨出黏黏的山藥泥，就得使用細顆粒的磨泥器，以畫圓的方式來磨；若想磨出滑順鬆軟的質感，則建議使用研缽與研磨棒。山藥透過研缽的粗糙面磨成泥之後，再經研磨棒攪拌就能變得很細緻，使空氣混入山藥泥中，使口感變得更鬆軟好吃。

水煮：幫助去除澀味、保持顏色

烹調前水煮食材的「汆燙」工序，也是備料的其中一環。透過汆燙可使食材軟化，去除蔬菜的澀味、嗆味、黏液，保持色彩鮮豔等等，目的有很多種。

不同食材在水煮時，熱水的分量、需不需要蓋鍋蓋、水煮後的處理方式皆不相同，所以最好應確認清楚（詳細內容請參閱第三章「燙的訣竅」）。

而且**為了保色，有時還會加醋或加鹽等調味料再水煮**。比方說豌豆或毛豆就需撒鹽後再水煮，煮出來才會呈現鮮綠色；蓮藕則要在熱水裡加醋，如此才煮得白，並使屬於黏液成分的黏蛋白凝固，改善咀嚼時的口感。

利用水煮，可將食物澀味去除

澀味主要是指植物性食材中內含的苦味、澀味、嗆味等等，不受一般人喜好的味道。澀味的成分大多具有可溶於水中的特性，所以**在備料階段將食材漂水或水煮之後，即可使澀味成分從食材中流出**。去除澀味也可稱作「去澀」，這就是「將澀味去除掉」的意思。

不過澀味也是食材獨特風味的成分，過度去除時，將喪失食材特有的美味度。要將澀味去除到什麼程度，可視個人喜好，調整漂水時間或是水煮時間即可。

此外可視食材內含的成分，可以加入米糠或小蘇打去澀。學會主要食材的去澀方法，烹調時會更有幫助。

- 漂水：土當歸、蓮藕、茄子、地瓜
- 熱水汆燙：菠菜、春菊

- 加米糠水煮：竹筍
- 加小蘇打水煮：蕨類、紫萁

調味的祕訣

食譜正確的參閱方式

料理時要去除蔬菜外皮、去蒂去籽、去除魚內臟，完成這些備料工作後，食材可食用的部分才會現身。基本上食譜所刊載的分量，以及計算營養素的分量，都是去除這些無法食用部分之後的重量（這便稱作「淨重」），因此以備料前的分量準備食材，再依照食譜指示調味的話，味道就會過重。

如要參考食譜製作料理，**請以完成備料工作後的食材來測量分量**。而且建議在最後要仔細地用自己的舌頭嚐味道，接著再做調整。

謹慎掌握「1g鹽」的分量

所謂的「1g鹽」，大家知道分量有多少嗎？如果是大顆粒的天然鹽，1g鹽就是最小量匙1匙的分量（1ml）。不同種類的鹽重量各異，類似精製鹽這種粒粒分明的鹽就會比天然鹽來得重，所以分量須減少。

定量取用時，切記**鹽舀起來後要用湯匙柄等工具切成平匙**。舀起鹽後如果晃動量匙鹽會往下沉，導致舀起來的分量過多，所以舀起鹽後請不要晃動量匙，直接將隆起的部分切平剔除。順便告訴大家，砂糖就算稍微超出分量，料理完成後也不會造成太大影響，所以不需要像加鹽時如此小心翼翼。

每一天的鹽分建議攝取量不能超過10g（男性不能超過8g，女性不能超過7g）。其他調味料中內含1g鹽的分量如下：醬油1小匙（6g）、味噌不到1/2大匙（8g），這個數值可在設計菜單時作為管控用鹽多寡的標準，大家最好要記下來。

定量取用調味料時，最小量匙是很好用的工具，建議大家要準備一個在廚房。

淡口味是可以習慣的

近年來為了健康著想，減鹽、薄鹽這些字眼無所不在，但事實上還是有許多人偏好重一點的調味。喜歡重口味的人，可能會認為「習慣淡口味是件很困難的事情」。因此，有項研究便委請進修管理營養師培育課程的女大學生，以及她們的家人合作，請他們每天早上食用將鹽分濃度稀釋0.8%的味噌湯，觀察需要多久時間才能習慣淡口味，結果絕大多數的人都在一週至十天內，便感覺淡口味的味噌湯喝起來的鹹度剛剛好了。

其中有名協助實驗的五十幾歲男性發表了他的感想：「一開始感覺味道變淡很難喝，但是一天天過去後就不會再覺得難喝了，反而發現味噌湯除了鹹味之外，還具有甜味以及酸味等多層次風味，每天都能品嚐到不同的味道。」也就是說，習慣淡口味並不是一件困難的事情。

話雖如此，突然減少用鹽分量，總會令人敬而遠之，擔心「不好吃」。關心家人健康的人，超初第一週所降低的鹹度在察覺不出來的程度即可，接下來第二週再繼續降低鹹度……，**逐步降低鹹度就是成功減鹽的祕訣所在**。

基本調味料的功用

調味料除了可以調味之外，還具有將水分逼出食材、防止變色、增加色澤等各式各樣的功用。只要了解基本調味料的特性，包括醬油、鹽、味噌、醋、砂糖、味醂等等，便可使料理吃起來更加美味。

醬油：增加料理色澤及香氣

醬油以鹹味為主，但是也內含鮮醇味來源的胺基酸，以及甜味來源的醣類，可賦予料理風味別具深度。此外醬油還含有數十種香氣成分，所以可增添豐富香氣也是醬油的一大特色。

再加上醣類與胺基酸共存時，可促進「美拉德」（Maillard reaction）這種咖啡色物質的生成反應，因此**在照燒料理中加入醬油，就能燒出引人食欲的咖啡色色澤**。除此之外，醬油還具有去除食材異臭、逼出水分、提高保存性的效果。

醬油的種類有很多種，一般為鹽分濃度低，鮮醇味重的深色醬油為主。淺色醬油鹽分濃度高且鮮醇味少，因此需要藉助高湯補充較多的鮮醇味，但是**顏色淡，所以很適合用來烹調想要突顯食材原色的燉煮料理**。

鹽：強化食材鮮醇味

鹽是做料理最基本的調味料。主成分雖為氯化鈉，但是依據不同的製作方法與成分，可分成食鹽、天然海鹽（粗鹽）、岩鹽、再製鹽等多種不同種類。

鹽的功用十分多元，除了**可藉由滲透壓使食材釋出水分**，**還能去除異臭**、**黏液**、**澀味**，此外也內含溶解魚類等食材蛋白質的特性，利用這種特性所製作出來的食品，就是魚板。

另外鹽還具有防止蘋果變色的多酚氧化作用，因此去皮後的蘋果泡在鹽水中便不會變黑，而且鹽溶於水，局部分子分解後變成氯離子即可產生防腐效果，可提高食品的保存性。除此之外，鹽還具有緩和醋等調味料的酸味，以及少量即可加強砂糖甜度的用途。

味噌：風味獨特，還具有除臭效果

味噌是將大豆蒸熟後，加入米、大麥，或是大豆的麴菌，另外再加入鹽製作出來的發酵食品。依據不同的原料、鹽的分量、色澤等差異，而有各種不同種類的味噌，例如有像「信州味噌」這樣以地名來命名的味噌，此外也有用紅味噌與白味噌等兩種味噌混合製成的「綜合味噌」。

味噌除了內含胺基酸之外，還具有許多風味與香氣成分，最大特徵就是可以品嚐到具有深度的味道與豐富的香氣。比方像是味噌滷青花魚等料理，烹調具特殊氣味的魚類時常會使用到味噌，這就是因為味噌的膠體可吸附異臭，同時味噌的酸性也能中和減輕掉產生魚腥味的三甲胺等鹼性物質。

醋：濃縮風味，緩和鹹味

醋的種類一般以米醋為主，但是近來蘋果醋、葡萄醋、紅酒醋、巴薩米可醋等各式商品市面上均有販售。

醋可為食材增添柔和的酸味，也具有降低鹹味的效果。此外當料理呈中性至微鹼性的狀態時，味道會不太明顯，但是加入酸性的醋之後，就能將風味突顯出來，所以**當味道不明顯時，不妨加點醋試試看。**

另外譬如像是蓮藕等富含多酚的食材，會因為氧化酵素的作用而變成咖啡色，但由於醋可以抑制酵素產生作用，所以蓮藕泡在醋水裡就會變白。還有像是造成魚腥味的鹼性成分，靠醋中和後即可抑制揮發，也能延緩細菌的增殖，因此**將魚放進冰箱保存時，表面用醋擦一下便不容易損傷**。

砂糖：賦予香氣、亮度及光澤

砂糖也有上白糖、三溫糖、黑砂糖等各式各樣的種類，不管哪種糖都能增添甜味，也能提升香氣，加熱後還能賦予亮度及光澤。

砂糖容易溶解於水中，可調製出高濃度的糖水。高濃度的糖水滲透壓大，將食材泡在糖水中可逼出水分，使微生物無法生存，因此**將水果或蔬菜加入砂糖製作成果醬後，即可長時間保存**。

味醂：用於燉煮、照燒料理，增加甜味

味醂分成「本味醂」與「味醂風味調味料」。本味醂是利用蒸熟後的米加入米麴及燒酎熟成後的產品，酒精濃度有10～13％，糖分為48％，屬於酒稅法規範之產品。但是味醂風味調味料則是利用鮮醇味調味料以及麥芽糖等材料，調製出類似本味醂風味的產品。這兩種都能提升食材的甜度及香醇度，此外**用於照燒魚或滷魚時還可消除魚腥味，帶出亮度及光澤**。

使用本味醂時基本上需要將酒精煮至揮發才可以。

基本高湯的熬製方法

日式料理的基礎風味，就靠柴魚昆布高湯

高湯可用柴魚、昆布、小魚乾等單一食材熬煮，但是一提到日式料理的高湯，一般都會聯想到混合柴魚及昆布熬煮而成的「柴魚昆布高湯」。柴魚的肌苷酸與昆布的麩胺酸結合後可增加鮮醇味，**比起各自單獨使用，更能熬煮出鮮醇風味明顯的高湯**。

高湯是料理的基石，不少人應該都有鮮醇味愈細緻會愈美味的迷思，但是那是指品嚐日本料理店所提供的單一湯品，一般家庭所食用的熟食湯品，與日本料理店的湯品相較之下配料較多，蔬菜或豆製品也會釋放出鮮醇味、甜味、酸味等多層次的風味成分，因此即便不使用最高級的高湯，家常料理也能烹調出味道豐富的湯品。

柴魚不能熬煮太久

柴魚用冷水煮會煮出魚腥味，所以**請放入滾水後再轉成小火，慢慢地熬煮30秒～1分鐘左右即可**，熬煮太久不僅不會增加鮮醇味，甚至還會釋放出雜味來。

熄火後待柴魚一靜止請馬上濾除，如果等到柴魚全部沉澱，釋放到高湯裡的鮮醇成分，將反過來被柴魚殘渣吸收。過濾時擠壓柴魚會導致高湯混濁，並釋放出柴魚的特殊氣味，所以**切記過濾時要讓高湯自然滴落**。

新常識

用昆布熬煮高湯必需要煮滾

以前在熬煮高湯時，一般都認為若將昆布煮滾，昆布會變得不好聞。這是由於在日本料理店所使用的頂級昆布分量高達家常料理的兩倍，所以煮滾時鮮醇味會過重，令人覺得味道過濃，也就是說，「昆布不好聞」並不是指昆布有腥味，而是指鮮醇味過重的狀態。

在一項熬煮昆布的時間與溫度所形成的風味差異實驗中發現，即使將昆布放入沸騰的熱水裡熬煮1～5分鐘，不但能煮出鮮醇味，而且香氣也不差。一般家庭只要沒有使用非常大量的昆布，以及用極長時間熬煮的話，**反而要煮滾才能溶出大量鮮醇味，而且也不會產生昆布腥味**。

另外將昆布泡水軟化後再熬煮，鮮醇味會更容易釋放出來。因此**建議泡水10分鐘左右再加熱，然後花5～6分鐘煮滾**，將水煮滾，才能充分釋放出昆布鮮醇味成分來源的麩胺酸。

柴魚昆布高湯

煮滾能讓鮮醇味充分釋放出來

材料——

水 2 杯
昆布 4g（3×10cm）
柴魚片 8g

作法——

1 昆布用乾布或廚房紙巾輕輕擦拭（表面的白色粉末是名為甘露醇的鮮甜成分，所以不要全部擦掉）。

2 昆布與水放入鍋中，先泡 10 分鐘左右，將昆布泡發。

3 開小火煮 5～6 分鐘，將水煮滾。

4 水開始沸騰後放入柴魚片，煮 30 秒～1 分鐘後熄火。

5 等待 3 分鐘，待柴魚沉澱後過濾乾淨。

內含肉或魚的料理，不需要另加高湯

食材主要由蛋白質及澱粉所組成。澱粉不具有鮮醇味，但是蛋白質具有鮮醇味，所以拿肉或魚等蛋白質作為主材料時，**基本上並不需要使用高湯，善用食材的鮮醇味即可完成美味料理**。

但是近來「鮮醇味」這個名詞名噪一時，似乎有過度講究的傾向，再加上市面上販售著許多簡單即可增添鮮醇味的調味料，愈來愈多人無論什麼料理都要加入高湯包或鮮醇味調味料，但是料理最重要的一環，切記先用自己的舌頭試過味道再說。

另外鹽的分量也要特別留意，相較於原始的高湯，高湯包的含鹽量其實比想像中的多。雖然原本只是想要提升鮮醇味，但是往往會在不知不覺間攝取到鹽分，所以使用高湯包時，**最好不要參考標示分量，而要少量使用**。

料理的風味全靠酵素營造出來

想讓食材變軟或變硬，或是想要改變顏色及味道做些變化時，都會用到酵素。所謂的酵素，是種主體為蛋白質的物質。米飯或馬鈴薯的澱粉被酵素分解後會變成醣類，可產生甜味，肉或魚的蛋白質經酵素分解後則會變成胺基酸，產生出鮮醇味，所以食材內含的酵素就像這樣，可營造出形形色色的風味。

現在大家是否覺得，光是了解味道的演變過程，料理也變得更有趣了呢？

第2章

「煮」的訣竅

將米這類的穀物與水共熱加以軟化，成為可食用的狀態便叫作「煮」。米洗淨後浸泡在水中，可使中心部分也吸收到水分，接著再加熱直到沸騰這段期間，米仍會繼續吸收水分同時變軟。沸騰後，內含水分的米一經加熱，生米主成分β澱粉的鍊結切斷，就會變化成消化酵素容易運作的α澱粉，所以最後就能將堅硬的生米煮成鬆軟的熟飯了。

煮飯

米不能用「淘」的，而要用手「快洗」

洗米也稱作「淘」米，這是意指將米互相磨擦洗淨。原本洗米就是要沖洗掉殘留在表面的米糠，去除米糠的異臭，以煮出帶有光澤的米飯，但是最近的精米技術精進，米不會再像過去一樣殘留米糠，因此如果過度使力淘米，米經磨擦表面就會被磨除掉。

洗米時，如果想知道米糠被清洗掉多少，測量米糠富含的磷含量即可得知。經實際測量洗米水的磷含量後，發現**只要將水倒入米中大略攪和幾下，馬上將水倒掉，接著再小力地攪和同時更換2～3次水**，磷含量就會減少，代表幾乎不會殘留米糠了。也就是說，米並不需要「淘洗」，只要粗略攪和「清洗」就夠了。

乾燥的米在清洗期間也會不斷吸收水分，所以將米泡在含有米糠的水中，米吸收這些米糠水將變得帶有米糠臭味。而且清洗換水的作業重覆幾次過後，米會吸水變軟，導致表面的澱粉等物質被磨除掉，所以無論洗再久，水還是會一直白白濁濁的。因此**切記米要快洗，然後馬上將水倒掉**。

新常識

米沒洗乾淨，反而可以保留原始美味

許多人應該都認為「米要充分洗淨後再煮」。承前所述，最近的米由於精米技術提升，幾乎不會殘留米糠，因此過度使力淘米會磨除掉表面，使原本的米糠香氣變淡，煮熟的飯吃起來就會沒什麼味道。

殘存的些許米糠香，可醞釀出米飯特有的風味，所以米只要大略洗淨即可。**大家不妨找個機會，不洗米煮飯來吃吃看**，如此便可親身體會洗米方式不同，米飯風味也會有所差異。

煮米水的分量要比米多兩成

米飯好不好吃，取決於加多少水，以及如何加熱。最近絕大多數的人都是用電子鍋煮飯，不過接下來想幫大家復習一下基本的煮飯方式。

首先要談談煮飯時的「煮米水分量」，意指可使米的澱粉充分糊化，煮成美味米飯所需的水量。對於米飯軟硬度的喜好雖然因人而異，但是依照老人家的經驗，**煮米水的分量會比米多兩成，煮米水的重量須比米多五成，以此作為煮飯時水量的依據**。

煮熟的飯，重量會達到米的2.2～2.3倍。電子鍋的水量也是依此作設定，例如100g的米加入140g的水煮熟後，10～20g的水會蒸發，煮好的飯會達到220～230g。

另外，飯有65%的水分，一般觀念認為吃飯會胖，但是適度攝取可提供飽足感，減少吃零食的機會，其實很適合減肥時食用。

米飯的基本煮法

米也是屬於乾貨的一種，因此用鍋子煮米時，需要先泡水，使米芯充分吸飽水分回軟。要是米芯沒有吸飽水泡軟，就無法順利轉變成α澱粉，會煮出米芯沒透的飯。因此**夏天請泡水30分鐘，冬天若用冷水浸泡，則需要1小時**。

米一下鍋煮，就會一邊吸水變軟直到沸騰為止。**完全吸飽水分需要8～10分鐘**，如果煮米的時間短於8～10分鐘，米芯將無法煮軟，表面還會殘留水分，煮出黏黏的米飯。沸騰後，內含水分的米會受熱，將β澱粉轉變成α澱粉，不過在這個過程當中**需要以100℃加熱15～20分鐘左右**，加熱時間太短，就無法煮出鬆軟的米飯，使米飯變得半生不熟。

想煮出好吃的米飯還需要注意火候控制。剛沸騰後鍋裡還殘留水分，這些水在蒸發時溫度容易下降。據說米以高溫加熱後，會促進澱粉及蛋白質分解，讓飯變好吃，為了避免溫度下降，**即便已經沸騰，仍須開大火加熱幾分鐘**，接下來為了避免燒焦，

請轉成中火或小火，加熱15～20分鐘後熄火。

縱使火關了，還是不能馬上開鍋蓋，須直接蓋著鍋蓋燜煮10分鐘左右，這是為了使米飯能吸收殘留的水分。俗話常說「小孩哭了也不能開鍋蓋」，這句話就是在形容熄火後的這段時間，不能開鍋蓋則是為了不讓鍋中溫度下降的緣故。

米飯的口感（硬度、黏度、鬆軟程度），都會因為加水分量與火候控制而有所不同。請大家好好累積用鍋子煮飯的經驗，找出適當的分量，煮出自己偏好的米飯吧！

加熱時間參考依據

理想的加熱時間如下：至沸騰為止需要8～10分鐘，再以100℃加熱15～20分鐘左右，最後燜煮10分鐘左右。

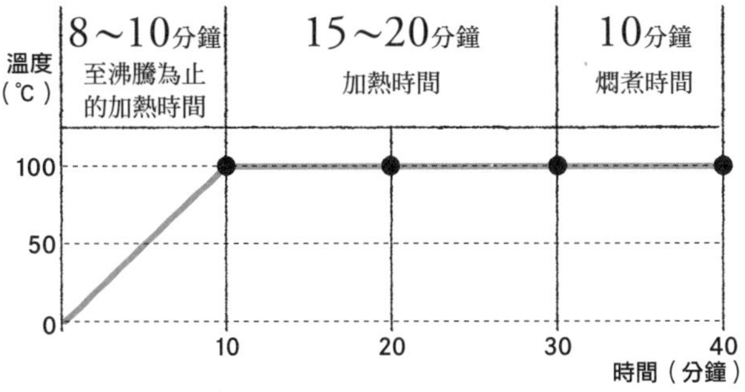

用電子鍋煮飯可省下泡水的時間

最近的電子鍋大部分都只需要按下按鈕，就會自動執行吸水、加熱、燜煮等所有工序。因此**米洗好後並不需要泡水**，加入煮米水的分量後，請馬上按下按鈕，接下來全部交給電子鍋即可。等飯煮好，完成燜煮工序後，就會響起結束煮飯的聲響，**不必像用鍋子煮飯一樣需要時間燜煮**，馬上就能食用。

米飯適合冷凍保存，所以不妨一次煮多一點，再分成每餐的分量冷凍起來，以方便食用。

用鍋子煮飯

煮出個人偏好的口感

材料（2 人份，使用料理用量杯）——

米 1 杯（170g）

水 1.2 杯（240g）

※電子鍋附贈米杯 1 杯（180ml）米的重量為 150g，料理用量杯 1 杯（200ml）米的重量為 170g，大家要事先了解分量並不相同。

作法——

1 米放入鍋中大略清洗，然後放進瀝水籃中將水充分瀝乾。米放回鍋中後再加水浸泡 30～60 分鐘。

2 蓋上鍋蓋後開火，調整火候加熱 8～10 分鐘使之沸騰。

3 開始沸騰後以大火煮滾 1～2 分鐘左右。

4 轉中火煮 5～10 分鐘，接著再轉小火加熱 10 分鐘後熄火，然後直接燜煮 10 分鐘。

5 打開鍋蓋，輕輕地攪拌翻鬆所有的米飯，排除多餘的蒸氣。

稀飯、菜飯、壽司飯

煮稀飯需要加入充足水量慢慢煮

稀飯有分「稠粥」、「七分粥」、「五分粥」、「三分粥」，差異就在水量多寡。以1杯米為例，稠粥就是加入5倍水量，七分粥就是7倍水量，五分粥為10倍水量，三分粥則加入了15倍水量來煮。早餐通常會煮稠粥或七分粥來享用，而三分粥接近米湯，大多會煮來給病人食用。

煮稀飯時，**要將米洗淨後加水泡1小時左右**。這是為了讓米芯能完全吸收到水分，如水分吸收不足，加熱後只有表面會變軟，米粒容易鬆散不成型。

此外，稀飯用大火煮時，很容易只有表面變軟，使整鍋稀飯變得糊糊的，所以**使用土鍋煮稀飯會比一般鍋子來得理想**，因為土鍋導熱速度慢不易冷卻，可將整顆米連同米芯都煮至鬆軟。如果沒有合適的土鍋，也能使用較厚的鍋子來煮。

讓稀飯好吃的煮法

煮稀飯時，**只要避免一開始加進鍋中的水煮滾，就能煮出濃稠的稀飯**。所以開火後一煮滾就要將火關小，避免一直沸騰，並請拿木鏟伸進鍋底，將緊黏在鍋底的米粒刮鬆，而且這個動作做一次即可，否則翻攪太多次會讓整鍋稀飯變糊。還有一直蓋著鍋蓋煮時，整鍋稀飯會煮滾，所以請將鍋蓋稍微打開一些，並**保持鍋蓋打開的狀態30分鐘，如想煮出更美味的稀飯，則要打開鍋蓋煮1小時左右**。

趕時間的時候可以使用冷飯來煮，這樣能縮短米泡水的時間。將冷飯與數倍水放入鍋中輕輕攪散再加熱，煮滾後轉小火煮30～40分鐘即可完成。

稀飯熄火後，**並不需要像煮飯一樣燜煮**。燜煮太久反而會變得黏糊糊的，所以只要燜到稍微放涼，再用鹽調味。

菜飯首重下調味料的時機

菜飯是將配料與調味料加入米中蒸煮的料理。想要煮得好吃，首重下調味料的時機。鹽或醬油這些調味料若與水一同加入米中，會妨礙米吸收水分，使水分殘留在米的表面，將造成菜飯煮熟後變得黏黏的。因此第一步要將米泡在水中充分吸飽水分，**調味料與配料請在煮之前再加進去**。

另外酒會使飯變硬，所以**菜飯加酒煮時，會煮出帶嚼勁的菜飯**。

菜飯須視食材加入適當水量

煮菜飯也需留意加入鍋中的水量多寡，請視配料內含多少水分，再調整需要加入的水量。

像是地瓜、豆類、栗子等食材，可藉由食材本身的水分煮熟，所以加入鍋中的水量與煮白飯時相同即可。但是類似白蘿蔔、貝類等水分含量較多的食材，蒸煮期間會釋出水分，所以每煮1杯米就要減少1大匙左右的水分。另外**加入液體的調味料時，得先用湯匙將相同分量的水舀出來，然後再加入調味料**，以免出錯。

順便告訴大家，利用拌飯方式，也能煮出美味的菜飯來。拌飯就是將菜飯配料與調味料用另一個鍋子煮熟，再拌入白飯中。拌飯吃起來會比一般的菜飯清爽，請大家一定要試看看。也能將一部分的白飯料理成拌飯，剩餘的白飯直接保持原狀即可。

菜飯

只加了配料就鮮美無比！

材料（2人份）——

米 1 米杯（150g）
水比電子鍋上的刻度稍微少一點
醬油 2/3 大匙
酒 1 大匙
雞腿肉 50g
紅蘿蔔 20g
牛蒡 20g
鴻喜菇 30g
油豆腐 1/2 片

作法——

1 雞肉切成 1cm 小丁的骰子狀。

2 紅蘿蔔切成絲，牛蒡削成細片，鴻喜菇去蒂後分別撕成小株。油豆腐切成 5cm 寬後再切成絲。

3 米洗好後加入適當分量的水。

4 從作法 3 舀掉 1 又 2/3 大匙的水，然後加入醬油、酒，最後加入其他配料煮熟。

成功煮出粒粒分明的壽司飯

壽司飯最理想的狀態為粒粒分明。若能使用木製壽司桶製作壽司飯，木頭可以吸取多餘水分使壽司飯粒粒分明，不過如果只想煮2～3杯的少量壽司飯，其實只要有攪拌盆或較大的鐵盤即可。

重點在於須確保壽司醋有空間可以滲透進壽司飯中，因此一開始在煮飯時，須事先視壽司醋的多寡減少水量。一般煮飯的水會比米多出2成分量，但是**煮壽司飯時請加入與米相同分量的水**。

此外，壽司飯煮好後要馬上打開電子鍋的鍋蓋使蒸氣揮散，這樣可減少壽司飯表面所吸收的水分，確保醋有空間可以滲透進壽司飯中。

淋上壽司醋的時間將影響風味

煮出美味壽司飯的其中一個祕訣，就是淋上壽司醋的時間。剛煮好的飯澱粉會糊化，組織會變形，形成縫隙，因此壽司醋容易吸收，可充分入味。

所以飯煮好後請打開鍋蓋使蒸氣揮散，再**將飯直接留在電子鍋裡淋上壽司醋**，接下來，再用木鏟插進內鍋邊緣將飯翻鬆，最後整個內鍋倒過來，將飯倒在攪拌盆或鐵盤上，歇口氣後再用切拌的方式拌勻。利用這種方法製作壽司飯的時候，醋會充分被飯吸收，酸味容易突顯。**不喜歡太酸的人，請減少醋的用量**。

壽司飯不能冷卻過度，以人體肌膚溫度最佳

攪拌壽司飯時，會用扇子搧涼，這是為了使壽司飯表面的水分揮散，呈現粒粒分明，另外也是為了避免壽司飯的溫度太高，導致醋的酸味過度流失。

但是壽司飯一旦冷卻過度澱粉會再度β化，使變形的組織緊實起來，如果變成這樣就不美味了，所以要在人體肌膚溫度的狀態下享用。

壽司飯

少量製作時無需壽司桶也沒問題！

材料（2 人份）——

米 1 米杯（150g）
水依照電子鍋上的刻度加入
昆布 2cm 丁狀
〔壽司醋〕
醋 1 又 1/3 大匙
砂糖 1/2 大匙
鹽 1/3 小匙

作法——

1 混合壽司醋的材料，使砂糖與鹽充分溶解。

2 米大略洗淨，泡在適當分量的水中，並且連同昆布也一起放進去浸泡。

3 依照一般方式煮熟，煮好後拿掉昆布再輕輕地翻鬆。然後趁熱將作法 1 的壽司醋以繞圈方式淋在所有的飯上，靜置 30 秒使壽司醋入味至飯中。

4 移至較大的攪拌盆或鐵盤中，一邊用扇子搧涼，同時拿木鏟將飯切拌攤開。

適合佐餐的好喝味噌湯

味噌要視食材及季節選用

剛煮好的飯搭配美味的味噌湯，可說是黃金組合。**味噌依照原材料與生產地，具有形形色色的種類，風味也各有不同**。烹調味噌湯時，不妨視配料及季節使用各種不同的味噌。

舉例來說，米味噌及麥味噌是在發酵過程中，將主成分的澱粉分解後轉變成醣類，因此具有甜味。但是豆味噌的原料是大豆，主成分為蛋白質，蛋白質分解後會轉變成胺基酸，所以具有鮮醇味。盛夏時分大多數的人往往偏好清爽風味甚於甜味，所以豆味噌較適合夏天食用。

此外京都的西京味噌大多使用米麴，鹽所下的分量僅有一般味噌的一半，因此味噌風味除了甜味之外，鹽分也較少，所以烹調味噌湯時需要使用到2倍的分量，煮出來的味噌湯會感覺濃稠，較適合冬天享用。

味噌湯「剛煮好」時最好喝

味噌除了胺基酸之外，還內含有機酸、無機酸、醣類等多種風味與香氣的成分，這些成分在味噌溶入湯之後若持續沸騰，有時會分解或是結合。

舉例來說，曾有實驗結果發現，像是鮮醇味來源的胺基酸，在沸騰5分鐘後會分解並減少30%，而且香氣成分一旦過度加熱就會揮發，所以味噌下鍋後一直煮滾將使香氣揮發，味道也會變差。**味噌溶解後，記住千萬不能煮滾，當味噌湯開始冒泡泡「剛煮好」時，請將火關掉**。

味道太淡時就多加幾滴醬油

味噌湯味道太淡時，大部分的人應該都會再加入味噌，但是再次將味噌拿出來溶入湯中需要花些時間，在這期間就會有損早一步下鍋的味噌風味。此時最方便的調味料，就是醬油。**味噌和醬油皆為釀造調味料，所以加幾滴醬油即可巧妙調和**，而且醬油添加分量容易增減，也能避免加入過多的分量。

新常識

油豆腐或油豆腐厚片不要汆燙去油，才能突顯醇厚度

油豆腐很適合用作味噌湯的配料。過去油豆腐或油豆腐厚片都是用舊油油炸，所以需去油後再使用於料理當中，但是現在都用新油油炸，因此用來煮味噌湯或是滷味時，並不需要去油，這樣除了可以省時省力之外，還能釋放油的香醇度，讓料理更加美味。在意油膩感的人，只要將浮在湯汁上的油撈除即可。

第3章

「湯」的訣竅

所謂的「燙」，就是將食材放進沸騰的熱水中加熱。這種烹調方式可去除食材原有的嗆味、澀味、黏液等，使食材更美味，蔬菜燙過之後會變軟，蛋、魚、肉類燙過之後蛋白質會變硬，可品嚐到有別於生食的口感。熱水的分量與溫度，以及有沒有蓋鍋蓋，都會影響食材燙熟後的色澤及口感，因此汆燙時切記需隨時視食材的性質、想製作的料理、家人的喜好，運用各種方式進行調整。

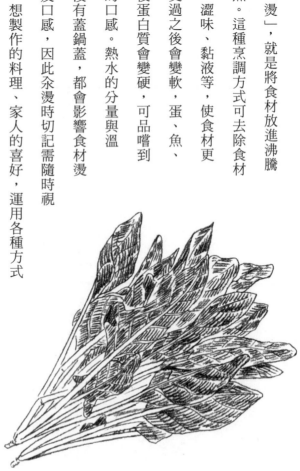

燙青菜

足量沸騰的熱水才能將青菜燙得鮮豔

菠菜或小松菜等青菜，**須放進足量沸騰的熱水中汆燙，色澤才會鮮豔，也能去除澀味**。

青菜之所以看起來是綠色的，就是因為內含葉綠素的關係。青菜一經汆燙，形成澀味的草酸就會溶出，使熱水傾向酸性，而葉綠素一遇到酸，顏色就會變難看。

因此只要將**多於青菜5倍左右的熱水**煮滾，稀釋掉溶出的草酸，熱水的酸性就會減弱，就可以保持葉綠素的深綠色。此外形成澀味的成分大多具有溶於水的特性，所以用大量的熱水汆燙即可使澀味自然流失。

再者，可使葉綠素色澤更鮮豔的酵素，在熱水溫度80℃前後會活躍運作，雖然青菜放入沸騰的熱水中會使溫度暫時下降，但是只要熱水分量夠多，即使放入青菜後溫度也不易下降，可維持酵素活躍運作的溫度。不過長時間在高溫底下葉綠素會分解，變成難看的顏色，所以**汆燙後請過水降溫**。

青菜下鍋後不要蓋鍋蓋

汆燙青菜時還有一個重點，那就是不要蓋鍋蓋。因為具澀味成分的草酸會揮發，一旦蓋鍋蓋，草酸將溶入附著在鍋蓋內側的水滴，再掉落熱水中，導致酸性更強。只要不蓋鍋蓋，草酸就會揮散至空氣裡，葉綠素便不易受到酸性物質影響，煮出來的色澤就會漂亮。

青菜汆燙時間與過水時間愈久，其澀味愈少，但同時**營養素也會流失**，**有損爽脆口感**。而且過度去除澀味後，青菜特有的風味也會喪失，因此汆燙時間以及過水時間，最好都要考量青菜的風味與澀味之間的協調性再作調整。

燙青菜的熱水裡不必加鹽

想將青菜燙得鮮豔，很多人或許都會認為「應該在熱水裡加鹽」。**綠花椰菜或是豌豆等蔬菜，的確加鹽汆燙就能呈現好看的色澤，但是深色青菜加鹽之後，幾乎看不出什麼效果。**

比方加入0.5%的鹽（每1ℓ的水加入5g的鹽＝1小匙）汆燙後，青菜可藉由鹽分附著突顯甜味，青菜的水分會在滲透壓作用下排出，可煮至軟爛。

單純汆燙時，青菜的風味會出現如此明顯的差異，但是接下來若要涼拌或快炒，其效果就不會出現這麼大的差別了，因此如果考量到減鹽的問題，請記住並不一定非得加鹽不可。

新常識

菠菜先切再燙也不影響風味

若要顧及料理的時間，青菜可以先切再燙。菠菜整株燙熟，與切成方便食用的長度再燙熟，兩者相較之下，整株燙熟的菠菜可保留多一些些的維生素及鈣質等營養素。

但是澀味來源的草酸所殘留的分量卻幾乎一致，而且涼拌後，再用視覺、聽覺、嗅覺、味覺、觸覺這五感進行比較實驗，也發現味道幾乎沒什麼差異。

既然味道與營養素都沒太多出入，那便無須拘泥於一種烹調方式，不妨配合所製作的料理或是烹調時間，選擇自己方便的方式即可。

菠菜的成分變化

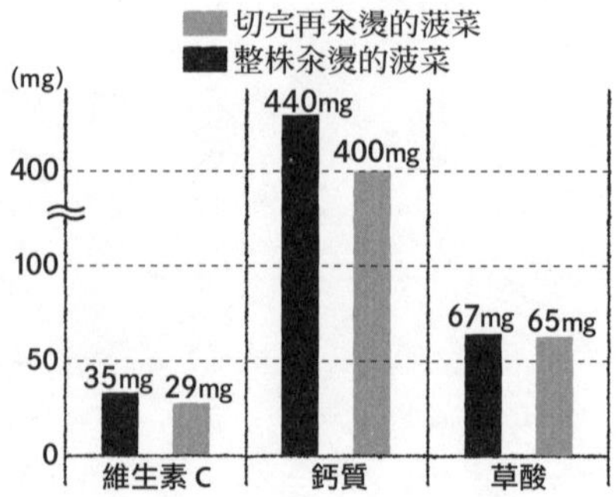

食譜

涼拌菠菜

先切再燙，烹調更簡單！

材料（2 人份）——

菠菜 200g
水約 1.5 ℓ
柴魚片適量
〔高湯醬油〕
高湯 2 大匙
醬油 2 小匙

※醬油用高湯稀釋後可降低鹽分。

作法——

1 菠菜從根部切除，再切成 4～5cm 長。

2 從根部依序放入沸騰的熱水中，汆燙 1 分 30 秒～2 分鐘，直到熱水再度沸騰為止，而且不能蓋鍋蓋。

3 燙熟後馬上過水冷卻，然後擠乾水分。

4 將作法 3 放入攪拌盆中，淋上 1/3 分量的高湯醬油後拌勻，再小力擠乾。

5 加入剩餘的高湯醬油，與菠菜攪拌勻勻，盛盤後再擺上柴魚片。

燙淺色蔬菜

熱水須淹過蔬菜煮滾並蓋上鍋蓋

高麗菜、白菜等淺色蔬菜不太會有澀味，也不需要擔心會對色素產生影響，所以熱水分量可淹過蔬菜，而且也沒必要揮發形成澀味的草酸，因此汆燙時請蓋上鍋蓋。

淺色蔬菜**燙熟後過冰水，會使青菜吸飽水分，造成風味成分流失**。由於淺色蔬菜並不需要保色，所以燙熟後應迅速放到濾網上冷卻，這個手法便稱作「瀝乾放涼」、「瀝水冷卻」。但是汆燙過久時，還是建議須快速過水一下。若想留住菜葉的綠色還有一個方法可以運用，就是將全部青菜在濾網上攤平，盡速冷卻。

蔬菜汆燙後，只要記住「**帶澀味的青菜＝須過冷水**」、「**不帶澀味的淺色蔬菜＝放濾網上**」，往後便無須煩惱需不需要過冷水的問題，烹調時會更方便。

燙馬鈴薯

整顆與分切的燙法不同

基本上馬鈴薯想連皮整顆燙熟的話，要從冷水下鍋，想去皮切塊燙熟，要水滾後下鍋。

食材從冷水下鍋時，會隨著水溫上升從表面慢慢往內部熟透，因此一整顆的大塊馬鈴薯，也會**整體慢慢地平均燙熟**。如果整顆馬鈴薯丟進熱水裡煮，表面與內部的溫度上升速度就會出現差距，當內部煮至熟透時，表面將過度加熱導致鬆散。

反過來說，**去皮切塊燙熟時**，**則要水滾後下鍋**。馬鈴薯愈小塊，表面與內部的溫度上升速度就不會出現差距。而且短時間即可燙熟，表面遇熱將立即變硬，所以味道的成分以及營養素溶出至熱水中的情形，也會受到一定程度的控制。

燙熟時的形狀會影響風味與口感

馬鈴薯連皮整顆燙熟，甜味來源的醣類、鮮醇味來源的胺基酸等味道成分都會鎖在食材裡，幾乎不會溶出至熱水中。味道成分當中，也包括像是鉀這種會讓人嚐到澀味的物質，不過微量可以賦予味道別具深度，品嚐到馬鈴薯特有的風味。

反觀去皮後切塊汆燙的話，熱水的高溫雖然會讓表面馬上變硬，不過光是刀切面就會使表面積增加許多，所以味道的成分會比整顆下鍋煮時溶出更多於熱水中，因此多少會變得水水的，但**卻能煮出不帶澀味的清爽風味**。

再者，整顆煮熟會給人綿密的口感，切塊再燙吃起來則較為爽口。

整顆燙熟其實更省時省力

要將馬鈴薯整顆燙熟，沸騰後大約還需要20分鐘，切塊再燙的話，沸騰後大約需要7～10分鐘。

乍看之下整顆燙熟似乎比較花時間，但是整顆燙熟時只需要直接下鍋，而切塊再燙時，還需要用菜刀削皮與切塊的時間。再加上**整顆燙熟的話，外皮只需等燙熟後用手就能輕鬆剝除，根本不需要使用工具**，所以還能省下清洗菜刀及砧板的時間。

馬鈴薯汆燙方式，只須視口味及口感喜好，再加上烹調所需時間作決定即可。

新常識

馬鈴薯不需要漂水去澀

馬鈴薯去皮後會變黑，因此要立刻泡水。但是馬鈴薯幾乎不帶澀味，所以並不需要漂水去澀。

將泡水10分鐘的馬鈴薯，與沒泡水的馬鈴薯燙熟後，兩者經比較證實吃起來完全沒有差別。因此，不管是要削皮後一直泡在水中再馬上燙熟，或是汆燙前再大略清洗一下，都只有表面的澱粉會被水沖洗掉，並不影響口感。

熱水裡加鹽煮熟更鬆軟

汆燙馬鈴薯時，在熱水裡加鹽可使口感更鬆軟。馬鈴薯裡頭含有被稱作果膠的成分，可將每個細胞連結起來，但是果膠具有容易溶於鹽的特性，因此加鹽會使組織變形，使細胞與細胞之間容易分離，一入口就會散開來，突顯出鬆軟的口感。

粉吹芋或馬鈴薯沙拉須使用男爵馬鈴薯

馬鈴薯煮熟後，細胞鬆散，散布在表面的狀態就成了粉吹芋。而將細胞壓碎後的料理，就是馬鈴薯泥。不同品種的馬鈴薯，有些細胞容易鬆散，有些不易壓碎。

細胞容易鬆散的是男爵馬鈴薯，**適合用來製作成粉吹芋、馬鈴薯沙拉、馬鈴薯泥等需要將細胞壓**

馬鈴薯的組織

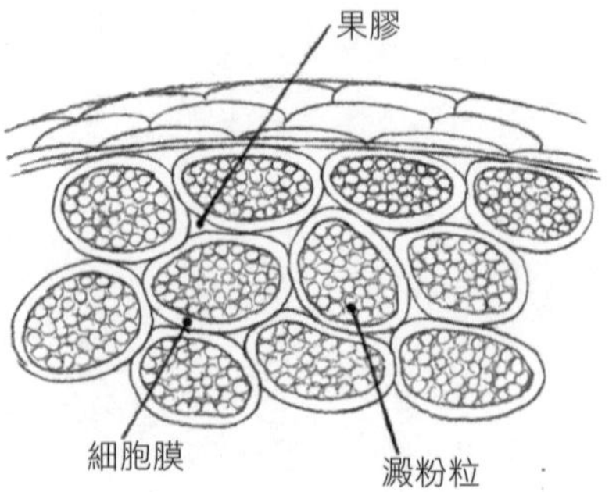

碎的料理。反過來說，帶黏性且細胞不易鬆散的May queen馬鈴薯，**用來製作馬鈴薯燉肉或咖哩等想保留馬鈴薯外型的料理最為恰當**。

新常識

馬鈴薯沙拉放進冰箱冷藏反而變難吃

馬鈴薯的主成分為澱粉，加水加熱後分子會膨脹，轉變成α澱粉，可品嚐到鬆軟的口感。也就是說，剛煮好的馬鈴薯在分子與分子間會形成縫隙，所以趁熱撒鹽便容**易滲透到內部，使鹽充分入味**。

然而澱粉逐漸冷卻後，會變成分子孔洞緊縮的β澱粉，因此冷卻後再撒鹽就不容易滲透到內部，使鹽只會沾附在馬鈴薯表面，一入口就會感覺鹹味只停留在表面。

而且分子孔洞緊縮的β澱粉會影響口感，變得不好吃，容易轉變成β澱粉的溫度，與冷藏庫的溫度相同，都在5～10℃。一般認為馬鈴薯沙拉屬於常備菜，但是**建議煮熟的馬鈴薯冷卻至人體肌膚的溫度後就要拌入美奶滋，趁微溫時盡快享用**。

馬鈴薯沙拉

趁微溫時享用最美味

材料（2人份）——

馬鈴薯 200g
小黃瓜 50g（加鹽 1/4 小匙）
鹽 1/4 小匙
胡椒適量
美乃滋 2 大匙

作法——

1 馬鈴薯充分洗淨，直接放入裝有足量水的鍋中以中火加熱，沸騰後燙 20 分鐘左右。

2 小黃瓜切成 2～3mm 厚，撒鹽軟化後瀝乾水分。

3 作法 1 的馬鈴薯以竹籤插進去確認軟硬度，煮熟後放到瀝網上，然後去皮。

4 馬鈴薯壓碎成適當大小，趁熱撒上鹽、胡椒，冷卻至人體肌膚溫度後加入小黃瓜，再拌入美乃滋。

燙麵條

燙麵條時熱水要多過麵條

燙麵條時的訣竅，就是要將大量的熱水煮滾，**100g的麵條需要用1ℓ的水（5杯）來煮**。將大量的熱水持續煮沸，使麵條能在熱水中翻騰，熟度才會一致，也能避免每條麵條彼此接觸導致表面粗糙。

不過大火一直滾的話，即便熱水再多，每條麵條還是會彼此碰觸導致表面粗糙，反過來將火關小，使麵條沉到鍋底，麵則會黏在一起，因此**煮麵時應保持在熱水呈現緩緩沸騰的狀態**。

不需要另外加冷水

燙麵條時，澱粉等物質會溶出至熱水中，開始產生黏性，所以火力一大就會煮滾，這時候似乎很多人會另外加冷水進去，**事實上只要將火關小即可**。正在煮麵條時另外加冷水，與將火關小兩者相較之下，發現代表澱粉熟度的糊化程度幾乎相同，吃起來的美味度也沒什麼差異，也就是說，根本不需要另外加冷水。

不過在**氽燙較粗的麵條時**，**請另外加入冷水**。氽燙較粗的麵條需要時間，表面與內部的熟度差距很大，如果另外加入冷水，熱水的溫度會下降，可控制表面不要過度加熱，在這期間熱度及水分會傳導至麵條內部，所以整體就能平均煮熟。

麵條好不好吃取決於品嚐的時機

烏龍麵以及麵線在入喉時的口感非常重要。剛燙熟後要泡冷水迅速沖洗使表面緊實，這樣就能煮出入喉滑順的麵條。

所謂的「麵條帶有嚼勁」，意指麵條中心還是硬硬的。剛煮熟後經過一段時間，水分會從麵條表面移動至內部，使兩者間的含水量變得沒有差異，整體都會變軟，這就是所謂的「麵條變爛」的狀態。

麵條煮好後只要經過30分鐘，就會完全爛掉變得黏黏的，有損美味度。麵條的水分會一直移動，所以煮熟後盡量早點吃，這才是品嚐美味麵條的祕訣。

大火燙義大利麵時須輕輕攪拌

汆燙義大利麵時，在熱水裡加鹽是為了增添鹹味，不過接下來還會佐醬，所以可說是多此一舉。

另外，**大火煮麵會使澱粉急速吸水膨脹，煮出具有彈性的口感**，火力太弱的話，麵煮熟後就會殘留粉粉的感覺。內含水分的義大利麵容易彼此黏在一起，所以要將義大利麵沿著鍋邊散開來放入鍋中煮，**過幾分鐘再輕輕地攪拌即可**。

依照個人偏好的軟硬度煮熟後，連同整鍋熱水倒入瀝網中，再大力地上下甩一甩，迅速瀝乾水分，而且千萬不能過水。

燙肉

涮涮鍋的肉要放進緩緩沸騰的熱水燙熟

吃涮涮鍋時，肉最好要燙得軟嫩多汁，不能過柴。加熱溫度與時間都會影響美味度，須特別留意。

肉類蛋白質在65℃左右就會凝固，因此大火高溫燙煮，會使肌纖維緊縮變硬，保水力就會減弱，將肉汁擠壓釋出。想要鎖住肉汁，將肉煮得軟嫩，須用65℃左右的低溫加熱，但是這個溫度並無法將蔬菜煮熟。**想要同時享用美味的肉與蔬菜，90℃左右緩緩沸騰的熱水最適合烹煮**。

牛肉放進熱水中汆燙時，一看到表面局部變色後就要馬上夾起來，避免烹煮過度。不過**涮豬肉時，請煮至內部完全熟透為止**。

高湯加昆布，鮮醇味更佳

肉燙完之後，即便汆燙時間短暫，鮮醇味也會溶入熱水裡。肉的鮮醇成分主要為肌苷酸，一遇到麩胺酸就會出現相輔相乘的效果，使鮮醇味倍增。藉由這種效果，**將內含麩胺酸的昆布加進熱水裡**，**就能強化高湯的鮮醇味**，使蔬菜品嚐起來更加美味。享用涮涮鍋時，加入像是青蔥、白菜、春菊、菠菜、水菜等蔬菜，都可以大飽口福。

雞肉要泡在汆燙水裡直到冷卻

雞肉的保力水比不上牛肉或豬肉，過度加熱肉汁會流失，變得柴柴的。所以燙雞肉時**應避免開大火**，**用竹籤刺下去有透明肉汁流出之後**，**就要馬上熄火**，接下來直到冷卻為止，都要泡在汆燙水裡，這就是烹煮雞肉的祕訣。雞肉冷卻後會逐漸縮小，不過此時會慢慢將汆燙水吸收進去，因此料理完成後就不會又乾又柴。

而且汆燙水裡頭會有雞肉內含的胺基酸及肌苷酸這類的鮮醇味、糖原分解後形成的葡萄糖甜味、乳酸等有機酸的酸味溶出，這些成分相互影響之下，就會營造出複雜的美味口感。此外溶出到熱水裡的脂肪會使風味更加圓潤，膠質則會賦予鮮醇度，因此**汆燙水不能倒掉，大家不妨在烹煮蔬菜或芋頭時多加利用**。將雞肉多燙一些，再與汆燙水一起冷凍起來備用，即可方便隨時使用。

各部位肉類的美味烹調方式

肉分成只要煮過、煎過就會變軟得以食用的部位，以及必須長時間加熱否則會硬到無法食用的部位。事先了解牛肉、豬肉、雞肉每個部位的特性，就能將肉類料理得更加美味。牛肉的沙朗部位可烹調成涮涮鍋或是牛排，豬里肌可以做成炸豬排，雞里肌只要快速燙熟就能製作成沙拉或是涼拌菜，肉的特性請參閱次頁說明。

牛肉	肩	脂質少，肉質較硬，適用於燉煮料理。
	肩里肌	脂肪含量適中，切成薄片後可運用於各式料理中。
	肋條	霜降部位多，很適合用作壽喜燒或燒烤。
	沙朗	肉質細緻軟嫩，最適合用來料理成牛排或涮涮鍋。
	菲力	脂質最少，肉質軟嫩，可用來料理成牛排或炸牛排。
	五花	脂肪含量多，風味濃厚，適合燉煮料理或燒肉。
	腿	屬於瘦肉，料理成咖哩或濃湯等燉煮料理會非常美味。
	外腿	此部位比牛腿更硬，適合做成絞肉、燉煮料理。
	臀	肉質細緻，屬於優質的瘦肉，適合料理成牛排。
	小腿	長時間燉煮會變軟，適用於熬煮成高湯或法式菜肉濃湯。
豬肉	肩	瘦肉多的部位，切塊後長時間燉煮會更加美味。
	肩里肌	肉質稍硬，但是風味濃厚鮮醇，可料理成豬排或燒肉。
	里肌	肉質細緻柔軟，具有適度的脂肪含量，適合作為炸豬排或嫩煎料理。
	菲力	肉質細緻，低脂肪又軟嫩，適合作為炸豬排或嫩煎料理。
	五花	肉質軟嫩，由脂肪及瘦肉層層組成，帶骨的豬五花稱作豬肋排，適合東坡肉或濃湯等燉煮料理。
	腿	屬於瘦肉，適合用作燉煮、嫩煎、燒烤等各式料理。
	外腿	屬於瘦肉，風味清爽，與豬腿一樣適用於各式料理。
雞肉	里肌	低脂肪且高蛋白質，可用作酒蒸料理、快速燙熟後適合製作成沙拉或涼拌菜。
	胸	脂肪含量少，風味清爽，適用於燒烤、熱炒等各式料理。
	腿	比雞胸稍硬，但是具有鮮醇風味，用作燒烤、油炸等料理。
	翅膀	雞翅富含膠原蛋白，做成油炸料理、湯品等都很好吃。

水煮蛋

蛋要回復室溫後再水煮

冷藏的蛋放入熱水裡，蛋殼很容易破裂，**最好事先從冰箱取出，靜置15～20分左右回溫**，接下來再放進可淹過蛋的水中加熱。加熱時間可視個人喜好或用途作調整，請參考以下說明。

【全熟】沸騰後燙12分鐘
【半熟】沸騰後燙8分鐘
【蛋黃半生熟】沸騰後燙3分鐘

水滾後1～2分鐘要用筷子攪動一下

如果**想讓蛋黃位在正中央**，熱水沸騰後的1～2分鐘內，要用筷子攪動一下蛋。蛋橫放時，因為比重的關係，蛋黃會往上浮，所以煮熟凝固後會偏向一邊，而蛋白以超過95℃的熱水燙1～2分鐘就會開始凝固，所以在這段期間攪動蛋的話，蛋黃就會在剛開始變硬的蛋白擠壓下，於正中央凝固。

蛋燙熟後，須過冷水冷卻。蛋的蛋白質容易縮得比蛋殼小，蛋殼膜與蛋白之間產生縫隙後，蛋殼便容易剝除。而且盡速冷卻的話，也能抑制硫化氫的產生，避免蛋黃周圍發黑。

蛋要將尖尖的地方朝下保存

保存蛋的時候，尖尖的地方要朝下。蛋較圓的地方稱作「氣室」，為充滿空氣的空間，將這個部分朝上放置會比較穩定。再加上蛋用來呼吸的孔洞也大多位於較圓的一側，因此將較圓的一側朝上，才能讓蛋呼吸。

以成分來說，蛋非常容易腐敗，但是由於蛋白內含溶菌酶這種酵素，具有溶解細菌的作用，所以放進冷藏庫保存，最多可維持20天左右。另外還有一個原因，蛋殼的透氣孔會被名為角皮層的薄膜覆蓋，可長時間防止雜菌入侵，調整蛋的呼吸。

順便告訴大家，蛋買回家經過一段時日後，或是清洗過的蛋會容易腐敗的原因，就是因為角皮層剝落，使雜菌容易入侵所造成的。

燙竹筍

燙出不苦澀的竹筍

竹筍含有大量的澀味成分，包括尿黑酸以及草酸，苦嗆味十分強烈。除了剛採摘的竹筍之外，都會氽燙去澀。市售的熟竹筍大多會將澀味完全去除，因此竹筍特有的風味與香氣也會隨著苦嗆味被去除。自己在家燙竹筍的話，就能品嚐到竹筍特有的風味，而且燙竹筍的方法非常簡單，請大家務必試試看。

新常識

竹筍可以去皮切塊後再燙熟

竹筍連皮氽燙時，筍皮內含的還原性亞硫酸鹽會使纖維軟化，此外據說還能使煮好的竹筍顏色更漂亮。帶皮的竹筍，與去皮後煮熟的竹筍相較之下，柔軟度與味道並沒有太大差異。雖然去皮的竹筍表面接觸空氣後會稍微變色，不過滷過之後或是涼拌過後就分辨不出來了。帶皮汆燙還有一個優點，那就是筍皮可以簡單剝除乾淨，不過即使去皮後再汆燙，味道以及口感也沒有多大差別。

一般家庭若要準備一個足夠整支竹筍入鍋的鍋子，應該相當困難。其實**竹筍去皮再切成可以放進現有鍋子的大小汆燙，不但輕鬆而且又能很快煮熟**。

鍋子裡頭也別忘了放進一小撮米糠。米糠的細微粒子在水中散開後，有助於吸附澀味成分，去除苦嗆味。不過似乎很多人會同時將米糠與紅辣椒一起丟進鍋中煮，可是據我所知，加入紅辣椒並沒有什麼意義，所以單放米糠即可。

水煮竹筍

去皮切塊後汆燙，更加省時省力！

材料——

竹筍 1 支（小尺寸的 2 支）
炒熟米糠 1/2 杯
水適量

作法——

1 竹筍去皮，太大支就切成可以放進鍋中的大小。

2 將竹筍、米糠、足量的水放入鍋中加熱。

3 煮滾後調整火候至不會一直大滾的程度燙 30～40 分鐘，燙熟至竹籤可以輕鬆刺入竹筍為止。

4 煮熟後從鍋中取出漂水，當作料理中的食材（直接泡在汆燙水中冷卻會帶有米糠臭味，必須特別留意）。

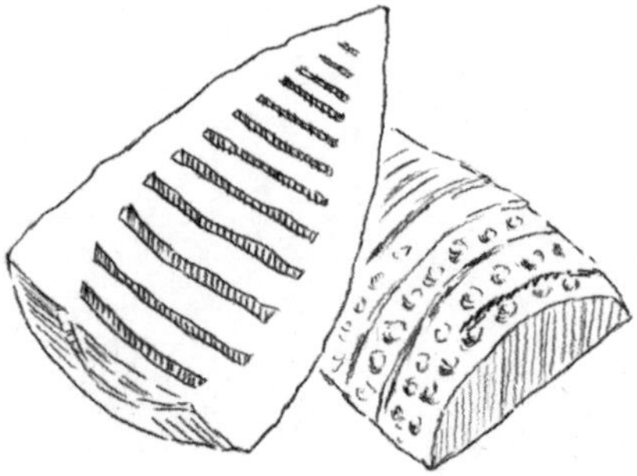

第4章

「拌」的訣竅

生的或是已經事前處理過的食材，與拌料拌一拌，或是淋上拌勻的調味料混合均勻的烹調方式，就叫作「拌」。食材與拌料或調味料調和之後，可營造出獨特的風味，透過拌料與食材的變化，即可完成涼拌料理、醋拌料理、沙拉等形形色色的料理。食材的口感與軟硬度，還有水分含量多寡，都會大大影響味道，因此事前處理或拌和時間的技巧，都需要事先學習一下。

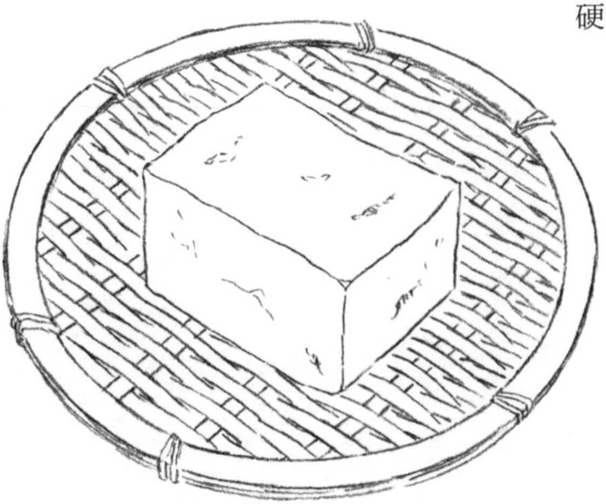

拌菜好吃的祕訣

食材要瀝乾水分再切，吃之前再拌

沒什麼味道的生食與拌料拌一拌之後，會因為拌料內含的鹽分，使配料的水分被釋出，因而變得水水的。因此**拌菜的祕訣就是，拌之前要在配料上撒鹽脫水，或是藉由事先汆燙等加熱方式，避免水分釋放出來**。

事先汆燙配料時，要等到完全冷卻後再放到瀝網上，將水分完全瀝乾。由於降溫後再拌和，各種食材不容易彼此入味，所以即便拌料或是配料口味濃重，最後也能料理成適合當作配菜的清爽風味。

即使已經事前處理過，使配料水分釋放出來，但是拌和後擱太久，還是會因為鹽分或是糖分的關係，使剩餘的水分滲出來，導致變得水水的，所以請在吃之前再拌。

利用日式拌菜讓配菜變化更多元

芝麻拌料、豆腐泥拌料等等，一般都會用研鉢來製作。**透過「研磨」的動作將空氣混入拌料中，呈現出鬆軟的感覺，可使口感更佳**。此外還有醋味噌拌料、梅肉拌料等等，了解這些日式拌料如何製作，可讓配菜變化更多元。

擺盤可讓料理更美味

相同的料理，只要將器皿或是擺盤方式變化一下，美味度也會有所不同。例如拌菜等用小碗盛裝的料理，請堆得高高的，像座小山一樣，此時**從側邊觀賞時只能看得見三分之一的分量**，是堆疊的小訣竅。

另外像是蔬菜、滷菜，就要用中碗盛裝得多一點，看起來才會美觀。烤魚如果只有一尾，則要將魚頭往左、魚肚朝向面前擺放，魚肉切片則要將身體較寬的部位擺在左側，在這些小細節上多加留意，家常料理也能變得美味無比。

拌料的種類與作法（以200g材料為例）

芝麻拌料	
將白芝麻 2～2 又 1/2 大匙、醬油 2 又 1/2 小匙、砂糖 2/3～1 大匙研磨均勻。	〔適合的材料〕菠菜、春菊、白菜、四季豆、土當歸等等。
豆腐泥拌料	
150g 板豆腐擠乾水分至 100g，再加入白芝麻醬 2/3 大匙、鹽 1/3 小匙、醬油 1/3 小匙、砂糖 1～1 又 1/2 大匙混合均勻。	〔適合的材料〕紅蘿蔔、地瓜、四季豆、蒟蒻、菇類、羊栖菜、青菜等等。
醋味噌拌料	
將白味噌 2～2 又 1/2 大匙、砂糖 2/3～1 大匙、高湯 3～4 大匙放入小鍋中加熱，拌煮至濃稠。冷卻後加入醋 1～1 又 1/2 大匙拌勻。最後加入少許芥末醬後就變成芥末醋味噌了。	〔適合的材料〕青蔥、土當歸、竹筍、海帶芽、鮪魚、墨魚、馬珂蛤、蛤蜊等等。
花椒芽拌料	
將白味噌 2 大匙、砂糖 1 大匙、高湯 1 又 1/2～2 大匙放入小鍋中加熱，拌煮至濃稠。8～10 片花椒芽去除枝幹後磨成泥，加入已放涼的味噌中拌勻。	〔適合的材料〕竹筍、土當歸、韭菜、海帶芽、墨魚、蛤蜊。
梅肉拌料	
梅乾 1 個磨成泥，加入醬油 1 小匙、味醂 1/3 小匙拌勻。	〔適合的材料〕土當歸、蓮藕、山藥、豆芽菜、小黃瓜、白肉魚等等。
豆渣拌料	
將豆渣 100g、鹽 1/2 小匙、砂糖 1 又 1/3 大匙、酒 1 大匙、醋 1 大匙、高湯 1/2 杯放入小鍋中加熱，充分攪拌均勻。	〔適合的材料〕以醋醃漬或是以昆布醃漬的魚貝類。

用二杯醋、三杯醋拌菜

醋醃小黃瓜要用鹽脫水

醋醃拌菜會使用到的二**杯醋，就是混合相同分量的醋與醬油調勻（或是2：1的比例），再加入高湯調勻製成**，很適合用來料理螃蟹等魚貝類。**三杯醋則是將醋、醬油、砂糖以2：1：0.5的比例調和而成**，適合各種醋醃拌菜。

醋醃拌菜同樣必須在拌和前將配料的水分去除掉，這道工序也有改善配料口感，以及加強醋醃拌料入味的加乘效果。舉例來說，小黃瓜在撒鹽前吃起來爽脆有彈性，但是撒鹽脫水後口感就會產生變化，纖維咬起來會喀吱喀吱作響，軟硬度恰到好處。

沒脫水的小黃瓜分子濃度低於醋醃拌料，當醋醃拌料加入，小黃瓜就會滲水；已經脫水的小黃瓜，水分釋出後組織間的縫隙會將調味料大量吸收，味道會更加入味。

醋醃小黃瓜海帶芽

小黃瓜喀吱喀吱的口感無與倫比！

材料（2 人份）——

小黃瓜 200g
鹽 1/2 小匙
水 1 大匙
生海帶芽 30g
青紫蘇 1 片
魩仔魚乾 20g

〔醋醃拌料〕
醋多於 1 大匙
砂糖 1/2 小匙
醬油 1 又 1/3 小匙

作法——

1 小黃瓜切成小塊後撒鹽，再撒水拌勻，靜置 10 分鐘左右。

2 清洗海帶芽，快速汆燙後切成 2cm 的丁狀。切好的海帶芽在濾網上攤平後稍微瀝乾（也可以用紙巾輕輕按壓將水分擦乾）。青紫蘇切碎，放入水中漂洗 2～3 分鐘後擠乾水分。

3 醋醃拌料混合均勻，再與淋上熱水後瀝乾水分的魩仔魚乾拌勻。

4 作法 1 的小黃瓜大略沖水洗淨，用力擰乾水分，與作法 2 拌勻，再用作法 3 拌一拌。

用豆腐泥拌菜

如何將板豆腐製作成豆腐泥？

豆腐泥拌料的口感佳，能與蔬菜巧妙結合，呈現出獨特的風味。

豆腐泥拌料吃起來必須夠滑順、夠鬆軟，**水分過多會變得黏答答糊成一片**，**所以板豆腐最適合製作成豆腐泥拌料**。原因便在於嫩豆腐與板豆腐的作法並不相同，嫩豆腐是將凝固劑加入豆漿中直接凝固製成，因此蛋白質與水分會結合在一起，無法將水分單獨分離出來。

反觀板豆腐則是將凝固劑加入豆漿裡凝固之後，加壓濾除水分，再度塑型而成，於是水分會存在於豆腐與豆腐之間流動，只要擠壓即可簡單濾除。因此板豆腐才會比較適合在去除豆腐水分後，製成豆腐泥拌料。

新常識

美味的豆腐泥，用打蛋器就能簡單製作

拌菜需要將拌料與配料分別處理，冷卻後加以拌和而成，所以算是費時費力的料理之一。再加上豆腐泥拌料需將豆腐用研缽磨成泥，然後還得過篩，因此很多人都會覺得很麻煩。不過使用富含植物性蛋白質的豆腐所製成的豆腐泥拌料，屬於熟食的一種家常料理，會讓人想要一吃再吃。

原本用研缽將豆腐磨成泥，是為了讓空氣混入其中，製作出鬆軟的拌料來，不過利用打蛋器可以達到相同效果。**將板豆腐瀝乾水分後大略壓碎，然後放進攪拌盆中攪打150次左右，使空氣能混入其中**，這樣就能製作出如同研缽磨成泥後的鬆軟效果。

過篩是為了將豆腐一粒粒的感覺壓碎，達到滑順的口感，不過省略這道工序也無妨。這時候豆腐會殘留細碎的顆粒，不會呈現滑順的感覺，但是卻能享受到**宛如清爽沙拉口感的豆腐泥拌料**，請大家務必嘗試看看！

豆腐泥拌春菊

使用打蛋器簡單做出美味拌菜！

材料（2人份）——

春菊 100g

A
- 高湯 2 大匙
- 醬油 1/2 大匙

〔豆腐泥拌料〕

板豆腐 150g（擠乾水分後約剩 100g）

B
- 砂糖 1 又 1/2 大匙
- 醬油 1 小匙
- 鹽 1 小撮（0.3g）
- 白芝麻醬 2/3 大匙
- 高湯 1 大匙

作法——

1 豆腐大略壓碎後汆燙 30 秒左右，再用紙巾擠乾水分。

2 作法 1 的豆腐倒入攪拌盆中，以打蛋器攪打 150 次。然後加入材料 B 磨擦拌勻，使味道調和。

3 春菊切成 3cm 長，快速汆燙後漂水再擠乾水分。

4 材料 A 倒入鍋中煮滾後熄火。加入作法 3 再浸泡 15 分鐘使之入味，放涼後擠乾水分。

5 用作法 2 的拌料拌一拌。

拌生菜

醬汁淋法會影響口感

利用生菜與淋醬拌和而成的沙拉，會因為淋上醬汁的時間點不同，使味道有所變化。淋醬由醋、鹽、油混合製作，一淋在生菜上，蔬菜就會隨著時間釋放出水分，變得軟軟爛爛的。**想使沙拉口感清脆，請在食用前再淋上醬汁**。

口感爽脆的沙拉很適合用來搭配麵包，配白飯吃的時候，將蔬菜用鹽揉過或是事先汆燙過，等稍微變軟成類似淺漬醬菜的沙拉則較為對味。**加入醬油的醬汁，與白飯更是絕配**。將沙拉想像成醋醃拌菜加上油所製成的料理，就很容易用來搭配日式風味料理了。

新常識

依序淋上調味料會更好吃

沙拉基本上會淋上事先將調味料拌勻而成的醬汁，不過即便不調製淋醬，將每一種調味料分別直接淋到蔬菜上，也能料理出美味的沙拉。

此時最重要的，就是淋上調味料的順序。**一開始要先淋上油拌和，然後再依序加入醋、鹽、胡椒攪拌均勻**。一開始便將油淋上去的沙拉，與最後再淋上油的沙拉相較之下，一開始淋上油的沙拉可以抑制蔬菜釋出的水分，這是因為蔬菜表面已形成油膜，蔬菜不會接觸到鹽，所以可防止滲透壓將水擠壓出來。

直接依序將調味料淋在蔬菜上所製成的沙拉，吃起來脆口又清爽，而且味道嚐起來也比較明顯，所以最好應減少調味料的用量。

綠色沙拉

吃之前再用淋醬拌和

材料（2 人份）——

萵苣小的 1/2 顆（100g）
小黃瓜 2 根（200g）
西洋菜 4 根

〔醬汁〕
沙拉油 2 大匙
醋 1 大匙
鹽 1/6 小匙
胡椒少許

作法——

1 萵苣撕成一口大小，小黃瓜斜切成 2mm 厚的薄片，西洋菜切成 3cm 長。再將這些切好的材料漂水增加爽脆感，然後放在濾網上瀝乾水分。

2 吃之前再依照油、醋、鹽、胡椒的順序，將醬汁淋上去拌和。

第5章

「滷」的訣竅

所謂的「滷」，就是將食材放入滷汁中加熱。滷與「燙」的不同之處，在於加熱同時可賦予味道。滷東西時會藉由水導熱至食材，因此可讓食材內部熟透入味，卻又不會燒焦。而且用一把鍋子搭配肉、魚、蔬菜等各式各樣的食材，就能將不同食材的鮮醇風味與香氣融為一體，呈現出深奧的風味。雖然「滷」一字看起來簡單，但其實還有乾煎再滷、先炒再滷、清滷、老滷等各種不同滷法。建議大家視菜色，好好運用各式滷法。

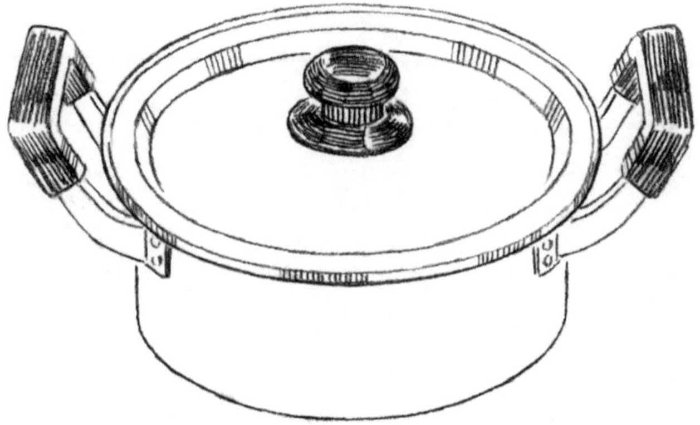

滷魚

小鍋蓋有助於平均入味，防止食材散開

食譜中常看到滷東西時要用到「小鍋蓋」。**小鍋蓋可讓食材平均入味，預防食材煮散**。

像是滷魚這種滷汁少的料理，食材上方不會浸泡在滷汁裡，味道在滲透時，食材上下方就會出現差異。只要蓋上小鍋蓋，煮沸的滷汁就會接觸到鍋蓋再淋到食材上，使滷汁可以完全遍布。還可藉由小鍋蓋輕壓的力道，使食材不易翻動，防止煮散。

小鍋蓋的材質有分成木頭或是不鏽鋼等等，不過鋁箔紙用起來也很方便，因為可視滷製時的狀況全部覆蓋起來，或是折成一半蓋住食材。**使用時記得先用筷子等工具挖洞，以免蒸氣讓鋁箔紙浮起來**。

提醒大家，不建議烹調魚料理時使用鋁箔紙當小鍋蓋，因為魚滷過之後魚皮的膠原蛋白會膠質化黏在鋁箔紙上，導致魚皮剝落。

魚要用少量滷汁濃縮鮮醇味

魚屬於蛋白質，短時間就能煮熟，過度加熱反而會造成魚肉緊縮，導致鮮醇味隨著水分一同流失。因此基本上滷汁要少一點，**約到魚肉厚度三分之二高即可**。這樣縱使鮮醇味流出，只要滷汁少濃度就會提高，所以除了魚之外，接下來要一起滷的食材，也都能吸收到濃厚的鮮醇味。滷汁在調味時，**像是鰈魚這類的白肉魚要淡口味一點，沙丁魚這類的青背魚則要調味得稍微濃厚**一些。

再者，還要注意調整火候大小與滷製時間，使滷汁保持餘溫。除了滷魚之外，不管在滷任何東西，都要記得祕訣就是**沸騰前一直開大火，沸騰後再轉為中火慢慢滷**。魚肉切片需滷10分鐘，整條魚則要滷到15分鐘。

新常識

魚和滷汁要同時下鍋加熱

烹調滷魚時，很多人的觀念應該都是等到滷汁沸騰後再下魚，以避免魚腥味。事實上將魚放入已經煮滾的滷汁裡，和把魚及滷汁一同下鍋滷，兩種方式經實驗比較，發現味道上幾乎沒什麼差異。

過去多為大家庭，滷魚時會使用到大量的魚和滷汁，此外由於使用炭火，火力較小的關係，需要一段時間才能煮滾，在這期間為了避免魚的鮮醇風味溶出，因此才會將滷汁煮滾後再下魚。

但是現在多為2～4人的核心家庭，僅需要少量的魚和滷汁，而且火力也較強，因此如先將滷汁煮滾，一下子就會煮乾掉。既然最後吃起來的感覺幾乎無異，不如將魚和滷汁一同下鍋，然後蓋上小鍋蓋滷熟即可。

滷汁煮滾後，須用湯匙將滷汁淋在所有的魚肉上，這麼做可使魚入味，同時還能讓所有的食材受熱，表面才容易凝固，以免鮮醇味流失。

魚皮不會破、易入味的方法

魚皮底下有豐富的膠原蛋白，膠原蛋白是一層蛋白質，受熱會急劇縮小，所以最後魚皮表面就會被強力拉扯，導致破裂。

為了防止這種現象，須在魚皮上劃刀，這麼做同時也有助於味道滲入及充分加熱。不過劃得太深刀口會過開，導致外觀不漂亮，所以**刀口要下淺一點**。

魚腥味靠酒和醬油去除

在意魚腥味時，在滷汁中加酒及醬油即可。產生魚腥味的其中一個原因，是名為三甲胺的鹼性成分，酒屬於酸性，因此可中和三甲胺，而酒的香氣成分一般也認為可以抑制魚腥味。

另外生薑內含的薑酚以及薑油等辛辣成分，與三甲胺結合後可緩解腥臭味。據說這些成分都位在生薑的皮下部位，所以**想要去除腥臭味，不妨利用切薑絲時所削下來**

的薑皮滷魚。

味噌滷青花魚好吃的原因

一提到「青花魚」，一定會讓人聯想到「用味噌滷」，但是為什麼青花魚與味噌一起滷，就會變得格外美味呢？

味噌除了具有甜味、鮮醇味、酸味、苦味等各式各樣的美味成分之外，還內含香氣成分，所以食材入味的同時，還會發揮香料的作用，**透過複雜的香氣掩蓋青花魚的腥臭味**。

而且味噌一溶於水中，膠體粒子會在水中分散，一加熱就能吸附魚的腥臭成分。再加上對於油脂也會產生相同現象，所以也有助於去油解膩。此外腥臭成分的胺類耐鹼並不耐酸，而味噌屬於酸性，所以才能降低腥臭味。

味噌滷青花魚

切記味噌要分 2 次下

材料（2 人份）——

青花魚 2 片（200g）
生薑 1 小塊（拇指大小）
水 1 杯
砂糖 1 大匙
酒 2 大匙
紅味噌 1 又 1/3 大匙

作法——

1 青花魚在魚皮側輕輕地斜劃幾刀。生薑去皮薄切成 5 片，剩餘的切成細絲泡水備用。

2 將水、砂糖、酒、薑片、一半分量的味噌倒入鍋中攪拌均勻。薑皮也可以加入鍋中。

3 青花魚的魚皮朝上放入鍋中，蓋上小鍋蓋以中火滷 10 分鐘左右。用滷汁溶解剩餘的味噌後倒入鍋中，再以微弱的中火滷 4～5 分鐘。

4 青花魚取出盛盤，滷汁煮至收汁，但要避免燒焦。最後將味噌醬汁淋在青花魚上，然後擺上瀝乾水分的薑絲。

鰤魚過水汆燙具有多種效果

鮮度降低會導致魚腥味的其中一個原因，與血液有關。血液相較於身體其他部位，據說在微生物及酵素的作用下分解更快，因而容易產生魚腥味的物質。新鮮的魚只要仔細水洗乾淨，就能去除魚腥味，不過擔心鮮度問題的人，可在水洗前進行「霜降」這道工序。

所謂的霜降，就是將魚類或肉類快速汆燙或是淋上熱水，使表面變白。**例如幫鰤魚進行霜降這道工序後，可藉由加熱使血液凝固，以方便去除**。此外若是殘留魚鱗會使口感變差，但是經由霜降處理，**魚皮加熱變硬後，可使魚鱗在未經加熱的狀態下更容易去除**。

除此之外，霜降還具有各種不同的作用，例如可去除表面的黏液，使表面變硬鎖住鮮醇味，去除多餘脂肪等等。

鰤魚滷白蘿蔔

先霜降處理，仔細完成備料

材料（2 人份）——

鰤魚塊 200g
白蘿蔔 300g
〔滷汁〕
高湯 1 又 1/2 杯
醬油 2 大匙
砂糖 1 大匙
味醂 2 大匙
酒 3 大匙
生薑（薄片）1 塊 （拇指大小）

作法——

1 白蘿蔔去皮，切成 2cm 厚的輪狀（較大的白蘿蔔須切成半月形）。

2 鍋中盛滿可蓋過鰤魚的水量後煮滾。沸騰時將鰤魚放入鍋中，待表面變白後，泡在裝滿水的攪拌盆中，將血塊及魚鱗洗淨。

3 鰤魚、白蘿蔔、高湯放入鍋中加熱。沸騰前都開大火加熱，沸騰後再轉中火煮 30 分鐘以去除雜質，然後加入調味料及生薑。

4 將白蘿蔔煮軟。滷汁變少後，加熱時須用湯匙舀起滷汁從上頭淋上去，才能呈現出光澤。

5 滷汁收乾至 3 大匙左右即可。盛盤然後淋上滷汁。

滷豬五花

滷東坡肉用豬五花最合適

滷東坡肉時，肉與膠質會和脂肪融為一體，是道可品嚐到濃厚嫩口風味的料理。身為主角的肉，以豬五花最為合適。

所謂的豬五花，就是包覆肋骨的側腹肉，為瘦肉與脂肪層層交疊的三層組織，因此也稱作「三層肉」。白色部位是以膠原蛋白作為主成分的結締組織，其中含有脂肪。膠原蛋白長時間加熱後會膠質化，變軟就會溶出脂肪，因此才會很適合用來料理出東坡肉特有的風味。

事先汆燙去除多餘油脂

豬五花每100g內含34．6%的脂肪，熱量為386kcal，與里肌肉的263kcal、腰內肉的115kcal相較之下，較多人會擔心熱量的問題。

脂肪具有無法溶於水，冷卻後會變硬的特性，因此並不難以去除。將豬五花煮個30～60分鐘後，就有95%的脂肪會溶出，所以汆燙後暫時冷卻，即可去除掉凝固在表面的脂肪。只是**脂肪包著肉，可增添滑順口感，且具有香醇風味**，所以請視個人品嚐時的喜好以及健康狀態調整烹調方式，不要完全去除。

新常識

無須拘泥「砂糖、鹽、醋、醬油、味噌」的調味順序

普遍大家都知道，調味料下鍋的順序為「砂糖、鹽、醋、醬油、味噌」。

這是因為砂糖比鹽的分子量大，不先加進去的話不容易滲透，其次則是因為醋太

早加入鍋中，主成分的醋酸會揮發，醬油及味噌得最後再下鍋，否則便有損香氣。

雖然明白這些道理，但是這套「砂糖、鹽、醋、醬油、味噌」的論調卻是在二次大戰後才開始興起。縱使加入調味料的順序在物理面會出現些微差距，但是據戰前口耳相傳的經驗得知，可推測實際上吃起來感覺並沒有多大差別。

接下來針對東坡肉，以及炒過再滷的馬鈴薯、清滷南瓜、滷花豆等二十種滷製料理，比較看看依照「砂糖、鹽、醋、醬油、味噌」的順序調味滷製後的料理，以及將調味料同時下鍋滷製的料理有何不同。結果發現除了花豆之外，其他滷製料理在味道、香氣、軟硬度等各方面，幾乎找不到什麼差異。**也就是說，烹調滷製料理時，並不需要拘泥於「砂糖、鹽、醋、醬油、味噌」的順序，將調味料同時下鍋也無妨。**

只是類似花豆等大顆的乾貨豆類，調味料還是得依序加入，才能滷出光澤。

滷東坡肉

收乾滷汁滷出濃醇厚實風味

材料（2人份）——

豬五花（肉塊）250g
青蔥 10cm
生薑 1 塊（拇指大小）
水 3 杯

〔滷汁〕
酒 1/3 杯
味醂 1 大匙
砂糖 1 小匙
醬油 1 又 1/3 大匙

作法——

1 豬肉切成 7cm 的塊狀。青蔥切成一半長度，生薑用菜刀刀背敲碎。

2 將作法 1 與大約 3 杯的水倒入鍋中加熱，以小火～中火煮 60 分鐘左右。途中當熱水減少可看到肉時，再另外加水進去。

3 熄火後直接放涼。冷卻後將變硬的白色脂肪去除。

4 滷汁材料與作法 3 的豬肉放入鍋中，加入可淹過肉的水量。

5 蓋上小鍋蓋加熱，以小火～中火滷 30～60 分鐘。等豬肉可用竹籤刺穿後，轉大火將滷汁收乾，煮至剩下 2 大匙左右的滷汁為止。將肉盛盤，然後淋上滷汁。

滷薯類、蔬菜

薯類或蔬菜冷卻時更入味

薯類或是蔬菜這類的植物細胞，會有所謂細胞膜的一層膜所覆蓋（參閱72頁）。細胞膜的主成分為果膠，具有一加熱就會溶解的特性，因此蔬菜滷過之後果膠就會溶解，細胞之間的鍊結會切斷而變軟，此時一施力組織即會崩解，所以滷熟後才會不成型。滷薯類或蔬菜時，**一變軟就要熄火，再靠餘熱使蔬菜入味**，這個過程也叫作「靜置入味」。

無論是薯類還是蔬菜，在滷的期間都會從表面逐漸吸收味道，接著往內部滲透進去，此時會將內部的空氣與水分擠壓出來，呈現真空狀態，但是一熄火真空狀態便會停止，將滷汁往內吸收。而且即便表面與中心部位的入味濃度有差，靜置一段時間後，滷汁中的鹽以及砂糖自然就會從高濃度移轉至低濃度，使味道充分入味。

新常識

芋頭和白蘿蔔無須事先氽燙

滷芋頭時，一般都會事先氽燙去除黏液。因為有黏液時，調味料不但不容易入味，滷汁還會起泡煮滾，使芋頭不易煮熟。

但是**最近的芋頭黏液變少了，所以並不一定需要事先氽燙**。有事先氽燙的芋頭與沒有事先氽燙的芋頭相比，味道嚐起來並沒有差別。

仔細觀察後可發現，有事先氽燙過的芋頭沒有黏液，味道完全入味，外觀也較賞心悅目，相對於未經事先氽燙的芋頭，雖然味道沒有完全入味，但是表面的黏液會混合著調味料，使口感變滑順，愈咀嚼愈能品嚐到內部與表面口味的濃淡變化。

就像這樣，各有各的優點，因此是否需要事先氽燙，可視個人喜好以及烹調時間作決定。

白蘿蔔也是大家普遍公認需要汆燙的蔬菜之一。據說利用淘米水事先汆燙過後可去除苦味，但是**最近的白蘿蔔已經不帶苦味了**，因此也不再需要事先汆燙。

芋頭與墨魚是天生絕配

墨魚具有的獨特鮮醇味，來自於蛋白質分解後所產生的甘胺酸以及丙胺酸這些胺基酸，還有甜味成分的甜菜鹼，這些成分與芋頭的味道十分對味，彼此相得益彰。

而且墨魚鮮醇成分大多會溶出至滷汁中，所以**將墨魚與芋頭一起滷的時候，不必使用高湯也無妨**。

不同部位的白蘿蔔味道各異

同一根白蘿蔔，**在靠近葉子的部位以及尾端較細的部位，風味截然不同**。靠近葉子的部分雖然帶有甜度，但是質地較粗糙；尾端較細則布滿纖維，含有較多的辛辣成分。愈接近葉子的部位可用來先炒再滷，或是當作味噌湯的配料，正中央則可以燙熟後淋上味噌醬享用，尾端的部位很適合磨成泥來吃。

帶有葉子的白蘿蔔，**保存時請先將連著葉子的根部切掉**。連著葉子時，根部的水分以及味道的成分會被吸收上去，導致風味流失。

厚切白蘿蔔需多劃幾刀

厚切白蘿蔔，即使表面煮熟了，但是內部還是很難煮透，因此**可劃十字刀紋深入厚度的三分之二處**，以便加熱煮熟。日本料理很重視外觀，所以劃刀處在盛盤時要朝下，這也是被稱作「隱形刀紋」的緣由。

食譜

滷芋頭

省略汆燙工序保留黏呼呼的美味口感

材料（2 人份）——

芋頭 6 個（300g）
柚子皮絲適量
〔滷汁〕
高湯 2～2 又 1/2 杯
醬油 1 大匙
砂糖 1 大匙
味醂 1 大匙

作法——

1 芋頭充分洗淨後去皮，較大顆的切成 2 塊。

2 滷汁材料與作法 1 倒入鍋中，蓋上小鍋蓋後加熱。

3 煮滾前都要開大火，煮滾後再調整火候使小鍋蓋可以蓋在滷汁上，接著滷 15 分鐘左右。最後將滷汁收乾至 3 大匙左右。

4 盛盤後淋上滷汁，然後擺上柚子皮絲。

南瓜入味又不煮散的方法

南瓜外皮較硬，不容易入味，但是將外皮完全去除再煮的話，容易煮散掉，因此只要將外皮四處削除一些，這樣吃起來不但保有口感，而且**外皮的綠色與瓜肉的黃色會呈現出好看的對比色，料理完成後看起來更令人垂涎**。

將南瓜切口的陵角稍微切除稱作「倒角」，這個手法同樣也能有效防止南瓜煮散。製作招待客人用的宴席料理時，或許要有倒角比較恰當，但是家常食用的熟食，稍微煮散也別有一番深奧風味，建議大家視場合運用各式手法。

另外南瓜若能保持高溫烹煮，蛋白質及澱粉會持續分解，據說會變得更加美味，只是火力太強會將南瓜煮散，因此**煮南瓜的火力要稍微大一點，以滷汁可以煮滾碰到小鍋蓋為準**。

食譜

滷南瓜

注意火候控制，以免整個煮散

材料（2 人份）——

南瓜 200g

〔滷汁〕

高湯約 1 杯
砂糖 1 大匙
味醂 1/2 大匙
鹽 1 小撮（0.3g）
醬油 1 小匙

作法——

1 將南瓜去膜、去籽後切成 3～4cm 的塊狀，在外皮削去數處呈斑紋狀。

2 將滷汁材料及作法 1 的南瓜倒入鍋中，蓋上小鍋蓋後以大火加熱烹煮。

3 煮滾後以較強的中火加熱 10～15 分鐘，滷到變軟為止。

4 滷汁剩下 5～6 大匙後熄火。盛盤再淋上滷汁。

茄子皮要用高溫保色

茄子是擁有鮮豔紫色的美麗蔬菜，但是一經烹調顏色就容易變難看，原因便出在茄子內含的花青素這種色素。

花青素是非常不穩定的物質，具有溶於水的特性，因此用來當作味噌湯的配料時，色素就會溶出到湯汁中，開始發黑。這種花青素只有在高溫加熱時，才能保持穩定狀態。例如用高溫油炸的茄子天婦羅可以呈現美麗的紫色，就是最好的例子。

想將茄子烹調出好看的顏色，最好要用超過80℃加熱。用來滷的時候，直接下鍋滷會變成咖啡色，但是用油炒過或是直接油炸之後再滷，就能保住紫色。不想用太多油料理的人，只要將沸騰後的滷汁保持高溫，再將茄子一個個放進滷汁裡，多少能留住幾分色澤。

另外茄子冷卻後就會回復紫色，所以滷熟後放進冷藏庫靜置2～3小時，使溶出至滷汁的花青素將茄子染色，即可回復色澤。

滷茄子

先炒再滷，即可呈現美麗色澤

材料（2 人份）——

茄子 3 條（250g）

油 3 大匙

〔滷汁〕

高湯 1 又 1/2～2 杯

醬油 1 大匙

酒 1 大匙

砂糖將近 1 大匙

作法——

1 茄子去蒂，縱切成 2 塊。在表皮上劃上淺淺的格子狀刀紋，將切好的茄子塊泡水備用。

2 熱鍋後倒入油，茄子以廚房紙巾充分擦乾水分後再下鍋拌炒。

3 等油遍布所有茄子後加入滷汁的材料，蓋上小鍋蓋以大火加熱至沸騰，煮滾後轉成較弱的中火，滷 15～20 分鐘直到滷汁幾乎收乾為止。

4 盛盤後淋上滷汁。

新常識

牛蒡不需要泡水

牛蒡內含澀液成分，是屬於單寧的多酚化合物。這些多酚化合物一旦接觸到空氣，就會因為牛蒡本身擁有的氧化酵素而氧化，變成咖啡色。因此牛蒡切完後要馬上泡水，阻隔空氣便不會變色，澀液也不會溶出至水中。

但是最近牛蒡內含的澀液愈來愈少，再加上牛蒡的香氣成分具有溶於水的特性，因此**泡水太久時，牛蒡原始的香氣就會流失**。想要去除牛蒡的澀液，並不需要泡水太長時間。

牛蒡切絲或削成細片的口感並不相同

牛蒡的美味，在於充滿纖維的口感與獨特的香氣。牛蒡的香氣成分據說大多位在接近外皮的部位，因此不能將外皮削除，而要**以菜刀刀背輕輕刮除，或是用棕刷輕輕地刷除即可**。

想要製作金平牛蒡的話，牛蒡要切絲或削成細片。沿著纖維切絲的金平牛蒡具有爽脆的口感，相對於此，削成細片的金平牛蒡由於纖維已經被切斷，所以口感較軟容易咀嚼。此外若將牛蒡斜切成薄片再切絲，口感則位在切絲及削成細片這兩者之間，請大家視喜好，選擇不同的切法。

金平牛蒡的調味要重甜重鹹

在調味方面，**基本上口感較硬的料理調味要重一些，口感較軟的料理調味要清淡一點**，如此料理的味道及軟硬度才能感覺協調。不過**金平牛蒡在調味時則以重甜重鹹為宜**，將調味料煮到乾會有利於保存，很適合作為常備菜。

金平牛蒡

切法可依口感喜好作決定

材料（2人份）——

牛蒡 100g
紅辣椒 1/2 根
熟白芝麻粒 1 小匙
油 2 小匙

〔滷汁〕
高湯 1/3 杯
醬油 2 小匙
酒 1 大匙
砂糖多於 1 大匙

作法——

1 牛蒡外皮以菜刀刀背輕輕刮除，或是用棕刷刷除。切成 5～6cm 長後，再直直地切細，或者削成細片。切完後要馬上泡水，以防變成咖啡色，等全部切完後再放到濾網上瀝乾水分。

2 熱鍋後將油倒入，拌炒作法 1 與去籽並切成小塊的紅辣椒。

3 牛蒡稍微變透明煮軟後，加入滷汁的材料，以大火加熱至煮滾為止，煮滾後轉小火炒至收乾，最後加入芝麻後攪拌均勻。

滷豆腐、豆類

滷豆腐的祕訣在於「不要脫水」

滷豆腐時，有時會出現許多小孔，那是因為豆腐有將近90％的水分，一加熱水分就會從表面附近沸騰蒸發，同時周圍的蛋白質會緊實變硬，所以水分流失後就會留下小孔，這個狀態稱作「脫水」，會損害豆腐的滑嫩口感。

為了避免這種現象，豆腐不能用大火一直煮滾。豆腐只要溫度急劇上升，蛋白質便容易變硬，造成脫水現象。所以**最好將熱水的溫度一直保持在90℃左右，緩緩地持續加熱**。

此外，**在熱水裡加入約1％左右的鹽，也能預防脫水**。豆腐是利用鹽滷或凝固劑加以凝固製成，但是這些凝固劑含有氯化鎂或硫酸鈣，而鎂及鈣可將蛋白質連結起來使之變硬。不過鹽內含的鈉，其特性具有會妨礙鎂等物質所形成的凝固作用，因此將鹽加入熱水中，蛋白質就不容易變硬，可防止脫水。

味噌湯的豆腐軟嫩不易脫水，就是因為味噌內含鹽分的關係。此外在熱水中以太白粉勾芡，也能抑制水分急速蒸發，據說也能避免脫水情形。

陶鍋鋪上昆布可使湯豆腐更滑嫩

想將湯豆腐煮得滑嫩，最好的方法就是在陶鍋內鋪上昆布再加熱豆腐。放入昆布除了可增添鮮醇味之外，氯化鈉也會溶出到熱水中，有助於抑制蛋白質變硬。再加上陶鍋不易導熱，將豆腐擺在昆布上頭，豆腐就不會直接碰觸到鍋底，可避免溫度急劇上升，於是豆腐便不易脫水，可煮得軟嫩可口。

黑豆更簡便的煮法

在大家的印象中，是否都覺得「煮黑豆好花時間……」？煮黑豆時，很多人都會想到的烹調方式，就是先將豆子用水泡發，然後再水煮，等到煮軟後再依序加入調味料。但事實上還有更簡單的方法，千萬別因為煮黑豆費時費力便敬而遠之，黑豆也可以配合烹調時間與料理完成後的口味喜好，輕輕鬆鬆地做出來。

新常識

與滷汁一同浸泡一晚後再滷

首先須將所有調味料倒入水中煮至溶解，然後加入黑豆靜置一整個晚上，接下來只需直接加熱煮熟即可。黑豆的蛋白質、大豆球蛋白具有容易溶於鹽水更甚於純水的特性。醬油含鹽，利用加入醬油的滷汁將黑豆煮熟，**蛋白質便容易溶解，可以很快就能煮軟**。

許多食譜都載明黑豆需要8小時的烹調時間，不過這是意指煮熟後指尖一捏就碎的軟硬度。其實**加熱4小時左右後熄火，煮熟至殘留些許口感的黑豆，也相當美味**，而且這種軟硬度似乎更受年輕人或小孩子歡迎。煮黑豆無須拘泥食譜上的說明，依照個人喜好烹煮即可。

不需要使用小蘇打

黑豆的蛋白質與纖維，具有會因為由鹼性物質而軟化的特性，因此加入鹼性的小蘇打就能加速煮軟。但是另一方面小蘇打會使豆子顏色及味道變差，容易破壞維生素。過去黑豆較硬，烹煮時少不了加入小蘇打，但是近來的黑豆較軟，所以不再需要加入小蘇打了。

滷黑豆

黑豆用滷汁泡軟後只須直接下鍋滷

材料（2 人份）——

黑豆（乾貨）300g

〔滷汁〕

水 8 杯

砂糖 250g

醬油 2 大匙

鹽 1 小匙

作法——

1 滷汁的材料倒入深鍋中加熱，煮滾後熄火。放涼後加入洗淨且瀝乾水分的黑豆，靜置一整晚泡軟。

2 開大火，沸騰後轉小火煮 4～5 小時（視軟硬度的喜好調整滷製時間）。

3 滷汁剩餘太多味道會較淡，所以要將滷汁煮乾至剛好覆蓋住黑豆的程度。

滷乾貨

乾貨要泡發後再烹調

所謂的乾貨，就是將豆類、海藻類、魚貝類等加以乾燥，減少水分得以保存的食材，食材的風味會被濃縮起來，形成獨特的口感。

乾貨烹調前須泡水一段時間，回復乾燥前的狀態，這道工序稱作「泡發」，**最理想的方式是參考食材乾燥前的水分含量，再用水慢慢泡發**。沒時間的時候，可以泡在溫水裡，或是快速汆燙也無妨。

乾貨泡發後就會變軟，但是泡發不完全就會硬硬的，過度泡發則會變得太軟。此外如果整體沒有平均泡發，加熱後有些地方就會半生不熟，無法完全熟透。泡發時的狀態會影響料理的口感，所以烹調前應仔細確認泡發的狀態。

浸泡乾貨的水，是滷東西時的好幫手

乾貨泡在水中會逐漸吸收水分，同時鮮醇味及甜味這些味道成分也會溶出至水中。泡發菇類的水，經常用來滷東西，而泡發大豆、葫蘆乾、蘿蔔乾等乾貨的水，則會被用來作為不含魚肉的素食高湯，一般家庭不妨也好好運用看看。

只是若要使用泡發乾貨的水，**將乾貨泡水前請充分清洗乾淨**。另外羊栖菜大多不會使用泡發的水來煮，而會利用高湯烹調。

羊栖菜最好和油豆腐一起滷

羊栖菜最好搭配油一起料理，與油豆腐一起滷，或是先炒再滷，會更加美味。羊栖菜不含油，所以加入油可讓口感變滑順，也能增加鮮醇度，而且用油炒過之後，可使羊栖菜內含的礦物質溶出情形受到某種程度的控制。

泡發菇類時最好在水中加入砂糖

泡發菇類時，以5～10℃的水最為恰當，因為泡在高溫的熱水裡，容易釋放出苦味。此外**加入少量砂糖後**可提高滲透壓，消弭水與菇類鮮醇味濃度之間的差距，延緩鮮醇味溶出至水中。

菇類富含的鮮醇味成分鳥苷酸，只要泡在水中就會溶出。目前已知，鳥苷酸與昆布等食材的麩胺酸結合後，會出現相輔相乘的效果，強化鮮醇味，不過乾香菇也含有這種麩胺酸，因此滷的時候甚至不需要使用高湯。泡發乾香菇的水不要倒掉，請好好運用在料理上。

學會乾貨快速泡發技巧，使烹調更簡便

乾貨用水泡發後，譬如乾香菇會回復10倍的重量，這就叫作「泡發倍率」，例如食譜上標記的調味料用量，就是以泡發後的重量來計算。

羊栖菜的泡發倍率為5~6倍，在**水中約30分鐘即可泡發**。蘿蔔乾的泡發倍率及泡發方式，都與羊栖菜相同。乾香菇則須**泡發1小時以上，或是泡水靜置在冷藏庫一整晚**。

為了避免調味失敗，事先記住每種乾貨的泡發倍率及泡發方式，烹調時會更加便利。以下列舉出各種食材的泡發倍率與泡發方式，泡發時間超過預定時間時，調味料要下多一點，少於預定時間時，調味料則要少放一些。

乾貨	泡發倍率（重量）	泡發方式
羊栖菜	5～6 倍	泡水約 30 分鐘。
乾海帶芽（直接曬乾）	10 倍	泡水約 10 分鐘。
蘿蔔乾	5～6 倍	泡水約 30 分鐘。泡發的水可以利用。
葫蘆乾	5～6 倍	泡水約 30 分鐘。泡發的水可以利用。
乾香菇	10 倍	泡水 1 小時以上，或是靜置冷藏庫一整晚。泡發的水可以利用。
木耳	10 倍	泡水約 20 分鐘。
大豆	2.5 倍	用豆子 4 倍容量的水泡一整晚。

第6章

「烤、煎」的訣竅

所謂的「烤、煎」，是指將食材放在已加熱的平底鍋或金屬盤等器具上，使之上色的烹調方式。在各式各樣的烹調手法中歷史最為悠久，自人類開始用火的舊石器時代開始，便延續至今的原始烹調方式。除了使用烤網或烤盤，將食材接觸直火，以直火燒烤之外，也能將食材放在平底鍋中，以間接導熱方式煎熟，還能利用烤箱或是烤窯等，藉由高溫空氣的對流加熱食材。每一種方法都能將食材烹調出金黃色澤與獨特香氣，引人胃口大開。

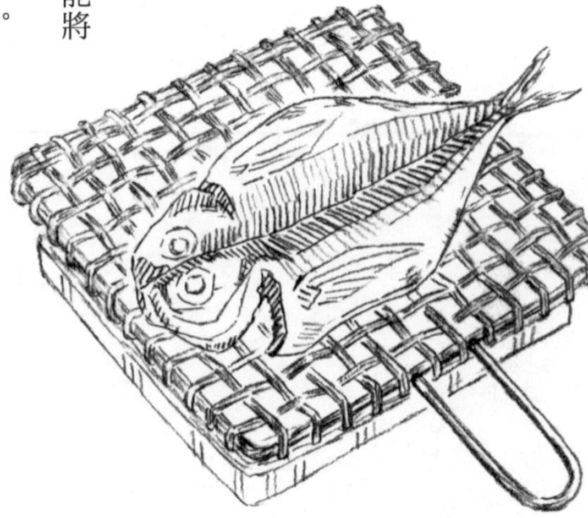

燒烤好吃的祕訣

燒烤首重火候控制與燒烤時間

燒烤食材時，最理想的境界就是適度加熱，呈現金黃色澤與多汁口感。但是相對於放進滷汁中加熱的滷製料理，溫度最多只會停留在100℃，而燒烤的溫度上升卻沒有極限，因此火候控制非常困難。

祕訣在於一開始須以中火至大火燒烤，烤至表面變硬且呈現恰當的金黃色澤，鎖住鮮醇美味，接下來再**改用小火**，**慢慢加熱**。

火力太強除了會烤焦之外，魚或肉的蛋白質也會緊縮變硬，導致肉汁流失。若是反過來用小火長時間燒烤，食材的水分則會在烤熟前流失，變得乾柴，要特別注意。

火候控制與加熱時間的參考依據

	料理名稱	火候控制	加熱時間
肉	燒肉 （網烤、牛肉薄片）	大火	1～2 分鐘
	牛排 （平底鍋、牛排肉）	大火→小火 （每面）	（每面） 30 秒→2～3 分鐘
	漢堡排 （平底鍋、絞肉）	稍強的中火→小火 （每面）	（每面） 30 秒→3～4 分鐘
	嫩煎雞肉 （平底鍋、雞腿肉塊）	稍強的中火→小火 （每面）	（每面） 30 秒→5 分鐘
	照燒 （平底鍋、厚切豬肉）	稍強的中火→小火 （每面）	（每面） 30 秒→5 分鐘
	烤牛肉 （烤箱、800g 肉塊）	200℃	15～30 分鐘
魚	鹽烤 （烤網、魚片）	遠火的大火	8～10 分鐘
	照燒 （烤網、魚片）	遠火的大火	7～9 分鐘
	奶油煎 （平底鍋、魚片）	稍強的中火→小火 （每面）	（每面） 30 秒→2～3 分鐘
	平底鍋照燒 （平底鍋、魚片）	稍強的中火→小火 （每面）	（每面） 30 秒→2～3 分鐘
	香草燒烤 （烤箱、整尾）	190℃～200℃	15～20 分鐘
蛋	荷包蛋 （平底鍋）	小火	2～3 分鐘
	歐姆蛋 （平底鍋）	中火→大火	30 秒→1 分鐘
	日式厚蛋捲 （日式煎蛋鍋）	稍強的中火	2～3 分鐘

烤魚、煎魚

網子要充分加熱後再將魚放上去

用烤網燒烤魚時，必須事先將網子充分加熱。魚加熱後分子內的鍊結會切斷，魚皮會黏在金屬面上，不過只要事先將烤網燒熱，魚的表面一遇熱會立刻變硬，變得不容易沾附，這點在烤肉時也是同理可證。

其次要將魚皮朝下放在烤網上，以中火至大火使魚皮適度加熱至金黃色為止。**想烤出好看的金黃色，切記魚要保持不動**。如果火無法使魚平均烤熟，請拿起整個烤網移動位置。此時若能將魚皮烤至完美的金黃色澤，除了可去除魚腥味之外，美味度也會倍增。

等魚皮烤至恰到好處後，再將魚翻面，只是**翻面僅限一次，這也是任何燒烤料理**

的基本原則，尤其在烤魚時，一直翻面會導致魚肉散開。而且翻面時請暫時熄火，用筷子將魚輕輕夾起離開烤網，即便魚黏在烤網上，只要等到稍微放涼，應該就能輕鬆剝離。

烤魚要用「遠火的大火」？

一般常說用瓦斯或炭火烤魚時，最好要用「遠火的大火」來烤。因為用大火烤會釋出大量的輻射熱，熱度將魚完全包覆起來，使熱度傳導至內部，而用遠火燒烤，則是為了避免魚烤得過焦。

適合燒烤魚的溫度，為200～300℃。但是家用瓦斯爐火高達500～1000℃的高溫，因此在內部熟透前，表面就會烤焦了。如要將烤網放在瓦斯爐上燒烤時，**想達到200～300℃的適當溫度，須開大火並放在距離7cm左右的位置燒烤**。想要滿足這些條件，除了可利用魚串燒時所使用的「烤肉鐵叉」之外，也有設計成可提高高度的烤網。

為什麼烤魚前要先撒鹽？

烤一條魚之前，大多會先撒鹽醃一下。撒鹽可使存在魚表面上的水分將鹽溶解，形成濃度高的鹽水，藉由滲透壓使水分釋出，於是**魚肉會變得緊實不容易鬆散**，容易**烤成金黃色**。據說魚腥味也會隨著水分一起去除，但是這點在魚烤好品嚐過後，比較起來感覺不出差異。

此外若將2～3％的鹽撒在魚上，會使屬於蛋白質之一的肌動蛋白與肌凝蛋白結合，產生名為肌動凝蛋白的物質。肌動凝蛋白一加熱會在含水狀態下變硬，轉變成類似魚皮這樣具彈性的肉質，吃起來口感紮實。

新常識

魚可以在撒完鹽後馬上烤

一般普遍認為，在製作鹽燒魚時，魚撒完鹽後須靜置20～30分鐘。在此將魚撒上鹽後靜置30分鐘再燒烤的鹽燒魚，與撒鹽後馬上燒烤的鹽燒魚進行比較，發現只在口感上會感覺到差異，而這點取決於每個人的口味偏好。

撒鹽後靜置30分鐘的魚，**表面的魚肉會緊縮變得有彈性，內部則會烤得很鬆軟，**相對於此，撒鹽後馬上燒烤的魚，**表面與內部全部都會烤得很鬆軟**。兩種方式都能烹調出美味的鹽燒魚，口味偏好因人而異，大家選擇個人喜好的口味即可。

此外，魚撒上鹽後，這些鹽並不會全部吃進口中，事實上會吃下肚的鹽只有使用量的80％左右，而且靜置30分鐘的鹽燒魚，與馬上燒烤的鹽燒魚，所攝取到的鹽含量都是一樣。

用平底鍋即可輕鬆完成照燒魚

照燒魚、西京燒、香草烤魚等，都能利用平底鍋輕鬆完成。使用鐵製平底鍋時需要事先加熱，以防止魚肉沾黏。不過鐵氟龍加工的平底鍋無法乾燒，須特別留意。

烹調照燒魚時，魚放進平底鍋後須加熱至九分熟，接著再加入調味醬汁。煎製過程中等油脂逼出後，**先用廚房紙巾將油脂吸乾淨再下調味醬汁**。如果直接下調味醬汁，油脂會覆蓋在魚的表面，使魚腥味無法去除，而且調味醬汁也不容易包裹上去。

調味醬汁加進鍋中後，**切記要一邊將醬汁收乾，同時使醬汁裹在魚上頭**，如此才能煮出美味的光澤，味道也能完全吸附。

撒上麵粉後，須馬上下鍋煎

一提到奶油煎料理，就會想到魚沾裹麵粉後下鍋油煎的奶油煎魚排。麵粉會吸收魚的水分，此外加熱後還會變成糊狀，形成一層膜，有助於鎖住鮮醇味的成分。而且麵粉一經油煎就能呈現金黃色的色澤，產生迷人的香氣。

不過關鍵在於麵粉要薄薄的沾裹上去，裹得太厚會導致只有麵粉受熱，而魚肉尚未煎熟便燒焦。**沾裹麵粉後就要盡快下鍋煎**，放置太久麵粉會過度吸收魚的水分，變得黏糊糊的，不僅不容易煎至金黃色，也會沾黏在平底鍋上。

油煎時要奶油與沙拉油併用

烹調奶油煎料理時，最好奶油與沙拉油都要一起下鍋。奶油的缺點在於內含鹽分，所以容易燒焦，反觀光用沙拉油油煎，雖然不容易燒焦，可以煎至恰到好處的金黃色，但卻無法帶出奶油烹調時的獨特風味，因此須使用兩種油烹調，善用雙方的優點，如此便可同時實現容易烹調，又能煎出引人食欲的風味與金黃色澤了。

另外想要煎出均等的金黃色澤，**祕訣便在於魚的表面要稍微油煎定型後，再晃動平底鍋移動魚的位置**。透過這種方式，可使油遍布在魚的下方，平均加熱。

照燒鰤魚

金黃色澤與四溢香氣實在誘人食欲！

材料（2人份）——

鰤魚 2 片（200g）

※可使用旗魚來代替鰤魚。

油 2 小匙

〔醬汁〕

醬油 1 大匙
味醂 1 大匙
砂糖 2 小匙

作法——

1 平底鍋熱鍋後倒入油，將鰤魚的魚皮朝下放入鍋中。

2 等接觸平底鍋的魚肉變硬，呈現適度的金黃色後，晃動平底鍋移動鰤魚的位置，同時以小火煎 2～3 分鐘。翻面後以同樣方式加熱。

3 用廚房紙巾將留在平底鍋的多餘油脂擦除後，將醬汁的材料拌勻倒入鍋中。

4 保存鰤魚魚肉的完整性，翻面 2～3 次，同時將醬汁沾附在所有的魚肉上。

奶油煎鮭魚

油煎至外頭酥脆內部鬆軟

材料（2人份）——

生鮭魚 2 片
鹽 1/4 小匙
胡椒適量
麵粉 1 大匙
沙拉油 1/2 大匙
奶油 1 大匙
檸檬 1/2 個
（2 片薄片，其餘榨汁）

作法——

1 鮭魚兩面輕輕地撒上鹽、胡椒，靜置 5 分鐘等水釋出後擦乾，再沾裹上薄薄一層麵粉。

2 以平底鍋加熱沙拉油，將有鮭魚皮的一側朝下放入鍋中，然後以較強的中火煎至適度的金黃色，切記油煎時不能移動鮭魚。煎至金黃色後再晃動平底鍋，同時以小火煎 2 分鐘，加入奶油後翻面，再煎 5 分鐘。

3 煎熟後盛盤，淋上檸檬汁，並擺上切成輪狀的檸檬。

烤肉、煎肉

煎出美味牛排的祕訣

煎牛排時，**切記要提早將肉從冷藏庫取出，置於室溫下回溫**。肉冰冰的下鍋煎，恐怕內部尚未煎熟前，表面就已經熟透了。

其次是**位在瘦肉與肥肉之間的筋，須要用菜刀刀尖刺幾刀**。如果沒有事先刺幾刀斷筋，煎肉時筋會縮起來，整塊肉就會像碗一樣變得圓鼓鼓，無法均勻熟透。接下來要再撒上鹽及胡椒，不過**請在下鍋煎之前再撒上去**，否則撒鹽後靜置一段時間，濃縮鮮醇味的肉汁將釋放出來。

想將肉煎得更美味，建議使用鐵製的平底鍋來烹調。使用鐵製平底鍋時，須將平底鍋充分加熱後再下油，這樣肉才不容易沾黏在平底鍋上。肉下鍋後要以大火快速油煎表面，使蛋白質變硬形成一個外層，將味道鎖住。

牛排切記要趁熱享用

肉的脂肪酸多為融點高的飽和脂肪酸，在室溫下會呈現固體。牛肉的脂肪融點為40～50℃，高於體溫，**一旦冷卻凝固後，即便吃進口中也不會融化**。冷卻後的脂肪在口中會變得黏黏的，吃起來並不美味，因此牛排應趁熱享用。另外除了特別培育出來低融點的肉之外，涼拌牛肉或是牛肉沙拉通常會使用不帶脂肪的瘦肉，就是因為這個原因。

順便告訴大家，豬肉脂肪的融點為35～45℃，某部分會在口中融化。雞肉脂肪的融點為30～32℃，溫度較低，所以常被中華料理用來當作冷前菜。

如何將漢堡排的絞肉塑型成團？

肉的蛋白質在生的狀態下黏著力很強，藉由揉捏可使彼此結合起來，增加黏性。此時若加入鹽，可使纖維狀的蛋白質溶解成液狀，因此會更容易混合成團。製作漢堡排時，剔除洋蔥以及麵包粉之後，其他的材料並不具有黏著力，因此絞肉須充分攪打，**以提高黏著力，幫助整團絞肉塑型成團**。

將漢堡排的空氣拍打出來，才能煎得熟

待漢堡肉的材料整型成圓餅狀後，**再用雙手拍打使空氣排出**。由於絞肉的縫隙多，原本就不易導熱，需要較長的時間才能煎熟，而且揉捏的過程中會有相當多的空氣混入其中，煎時會膨脹，使得漢堡排更難煎熟。所以記得要將中心部位壓薄一點，不能隆起來。**只要事先將中心部位壓薄，就能使周圍與正中央平均煎熟**。

新常識

漢堡排的洋蔥不需要炒

有很多人會將加在漢堡排當中的洋蔥炒至焦糖色。原本炒洋蔥的目的是為了將辣味轉變成甜味，獨特的香氣會帶出鮮醇度與圓潤度，此外將洋蔥水分炒乾，可使洋蔥更容易與絞肉融為一體，在煎製的過程中，可預防水分釋出造成漢堡排破裂。

不過**將生洋蔥直接加入絞肉中，更能烹調出清爽的風味**。雖然在煎製期間洋蔥會釋放出水分，但是只要麵包粉不要浸泡牛奶直接加進去，就能將這些水分吸收掉。所以需不需要炒洋蔥，可視個人偏好清爽風味或是濕潤風味的漢堡排，再作決定。

另外似乎有很多食譜都會教導大家，麵包粉需浸泡在牛奶中再加入絞肉裡，但是這是因為過去的麵包粉過於乾燥較硬的緣故，**近期的麵包粉只要不會過於乾燥，便不需要浸泡牛奶**，這樣做反而更能將溶出的肉汁給吸收掉。

漢堡排

煎製時間決定口感，是美味度的關鍵

材料（2 人份）——

牛絞肉 200g
洋蔥 80g
奶油 1 大匙
鹽 1/3 小匙
胡椒、肉豆蔻各少許
生麵包粉 30g
牛奶 1 又 1/2 大匙
油 2 小匙

〔醬汁〕
伍斯特醬 2 小匙
紅酒 2 小匙
番茄醬 2 大匙

作法——

1 奶油置於室溫下回軟。奶油、絞肉、鹽、胡椒、肉豆蔻放入攪拌盆中，用手充分攪拌至出現黏性為止。

2 加入切碎的洋蔥、生麵包粉、牛奶，然後再充分攪拌均勻。等黏性出現後分成 2 等分，整型成厚 1cm 的橢圓形，中央再稍微壓凹一些。

3 以平底鍋熱油，將肉凹陷處朝下放入鍋中。以較強的中火煎 30 秒，接下來再從中火慢慢轉為小火煎 3～4 分鐘，翻面後以相同方式煎至適當的金黃色。

4 混合醬汁的材料，淋在盛盤後的漢堡排上。

雞肉要連皮用叉子戳洞

雞肉比起牛肉或豬肉的保水性更低，加熱過度會使肉汁流失變得乾柴。帶皮的雞肉比起不帶皮的雞肉，更不易緊縮也不易流失肉汁，所以最好要連皮直接下鍋烹調。此外連皮烹調**還有一個優點，皮下脂肪溶出後味道會更具鮮醇度**。不喜歡吃皮的人，建議先連皮烹調，然後在享用時再將皮剝除。

皮與肉之間若帶有黃色脂肪時，會導致腥臭味，所以煎之前要將這些黃色脂肪去除，然後再用叉子在皮上戳洞。皮內含膠原蛋白，加熱後會急速緊縮，但是**只要戳洞即可防止皮緊縮起來，而且味道也容易入味**。

再者將皮煎至適當的金黃色澤後，迷人的香氣也能掩蓋掉雞肉腥味，使不喜歡吃雞肉的人也能容易入口。想要順利煎至金黃色，祕訣就是下鍋時皮要朝下，而且煎至金黃色之前都不能移動。

食譜

嫩煎雞肉

連皮一起煎，風味才會倍增

材料（2 人份）——

雞腿肉大塊的 1 片（200g）
鹽 1/2 小匙
胡椒少許
油 2 小匙
酒 1 大匙

※可使用白酒取代一般的酒。

作法——

1 將雞肉的皮朝上，以叉子戳洞，然後撒上鹽、胡椒。

2 平底鍋充分加熱後倒入油，油熱後再將雞肉的皮朝下放入鍋中。

3 直到煎至金黃色之前都要開中火，而且不能移動雞肉，等煎至適度的金黃色澤後，一邊晃動平底鍋，一邊用小火煎 5 分鐘。翻面後以相同方式油煎。

4 待大部分的雞肉都煎熟後，將酒淋在所有的雞肉上。

煎蛋

煎日式厚蛋捲時要避免將空氣打入蛋液中

製作日式厚蛋捲時，如果蛋沒有完全打散，就會很明顯地看得出蛋白與蛋黃是分開的，煎好後會白一塊黃一塊。所以**請將料理筷頂著攪拌盆的底部，以前後左右切拌的方式，充分攪拌均勻**。蛋具有會夾雜空氣的特性，倘若拿著料理筷大動作攪拌，容易使空氣混入其中，一旦混入空氣，蛋就不容易捲起來，整型時也會變得很困難。

另外，想煎出鬆軟的歐姆蛋，打蛋時就得混入空氣，並且要馬上下鍋煎，以免空氣散掉。

加入高湯會讓口感更好

蛋如果加入液體的高湯，蛋白質的濃度就會被稀釋，加熱時的凝固力也會減弱，於是口感就會變軟。而且一吃進口中稍加咀嚼時，高湯將一湧而出，使美味度倍增。

所加入的液體量愈多，煎蛋就能煎得愈軟嫩，但是相對也會變得不容易捲起來，很難塑型得很好看。想要降底失敗率，而且裝進便當裡又要能保持濕潤度，建議**每顆蛋（50 g）須搭配 1 大匙高湯（15 ml）來料理**。

煎日式厚蛋捲要用較強的中火

想煎出好看的日式厚蛋捲，切記要用稍強的中火煎，然後快手捲起來。日式煎蛋鍋加熱後只要一倒入蛋液，接觸鍋面的部分溫度會立刻上升，使表面變硬。一旦表面變硬，將蛋捲起來時，蛋與蛋之間便不容易融合。**蛋靠餘溫也能煎熟，所以要趁著半生不熟時，快手捲起來**。

日式厚蛋捲

避免空氣混入才容易捲起來

材料（2人份）——

蛋 2 個
高湯 2 大匙
砂糖 1 小匙
鹽 1 小撮（0.3g）
醬油 1～2 滴
油 1 小匙

作法——

1 蛋打入攪拌盆中，將蛋白以切拌方式打散，再將高湯、砂糖、鹽、醬油攪拌均勻。

2 平底鍋或日式煎蛋鍋加熱後倒入油，油熱後再離開火爐，然後以廚房紙巾將鍋內擦一擦，使油平均遍布。

3 將平底鍋再度放到火爐上，轉成稍強的中火，將一半分量的作法 1 倒入鍋中（使用日式煎蛋鍋時每次倒入 1/3 分量的蛋液）。等表面煎至半生不熟後，從平底鍋底部將蛋掀起來，自較遠的一側往面前捲 2～3 折。

4 在較遠側空出來的地方，用作法 2 的廚房紙巾塗上油，然後將捲好的蛋往較遠的一側靠過去。

5 在面前空出來的地方倒入剩餘的蛋液，等表面煎至半生不熟後，再將靠在較遠側的蛋當作軸心，往面前重疊捲起來。

烤菇類

帶出菇類鮮醇味的加熱時間為15分鐘

菇類的風味成分有醣類、有機酸類、胺基酸類，還有鳥苷酸等多種成分，每種菇類的含量迥異，所以不同菇類品種的風味各具各的特色。

尤其造就菇類鮮醇風味的物質，就是名為鳥苷酸的核酸類物質。核酸類的鮮醇味，是酵素作用在核酸上所形成的，但是**酵素運作的溫度位在60～80℃**，當溫度維持在這個範圍內的時候，酵素才會產生作用，使鮮醇味倍增。

試吃比較生香菇以瓦斯爐火加熱烤網燒烤15分鐘，以及包在鋁箔紙裡用烤箱烘烤30分鐘，還有透過微波爐加熱5分鐘的香菇之後，發現被評定為最美味的，為烤網燒烤15分鐘的香菇，其次為用烤箱烘烤30分鐘的香菇，最後才是以微波爐加熱5分鐘的香菇。

這種結果並不是使用了不同器具的關係，而是加熱時間不同所造成的。總結就是加熱時間過長會使香菇釋出水分，變得水水的，相反地，加熱時間太短將導致酵素運作時間不足，使得鮮醇味無法完全釋放，造成味道不夠濃郁。**烤菇類時最適當的烹調方式，就是包在鋁箔紙裡，加熱15分鐘左右，使酵素得以發揮作用。**

烹調時應善用各種食材原始風味

食物的美味度，並不單純取決於風味。例如口感以及咀嚼時滿溢而出的湯汁等等，融合了各種要素，將這些要素調和至最佳平衡狀態是非常重要的一件事。

菇類會因為種類不同，**品嚐起來就會別具特色，例如「風味佳」、「口感佳」、「香氣佳」等等**。烹調菇類時，除了注意加熱時間外，還要花心思想想看，什麼料理才能發揮各種菇類的特色。

以香氣佳的松蕈為例，烹調時的祕訣就是要現做趁熱享用，而且要盡量盛裝在加蓋的容器裡。而金針菇的爽脆口感最美味，所以要善用這個特色，避免過度加熱。

鴻喜菇以及香菇強烈的鮮醇味為其最大特色，用來料理成拌菜時，一經汆燙就會變得水水的，所以要在鍋中加入少量酒後再將菇類下鍋，將菇類炒軟炒乾即可。

紙包菇

富含鮮醇味！口感絕佳！

材料（2人份）——

鮮香菇 4 朵
金針菇 1 包
舞菇 60g
鴻喜菇 1/2 包
鹽 1/2 小匙
胡椒適量
奶油 2 大匙
檸檬、醋橘等適量
長 20cm 的正方形鋁箔紙 2 片

作法——

1 菇類全部去梗，除了香菇之外其他菇類撕成容易食用的小株。

2 在鋁箔紙中央擺上一半分量的各式菇類，撒上鹽及胡椒，再擺上 1 大匙奶油後包起來。以相同作法完成另一份。

3 用烤箱或烤盤烤 10～15 分鐘，撒上檸檬、醋橘後即可享用。

第7章

「炒」的訣竅

用鍋子加熱少量油脂，翻拌食材的同時在短時間加熱的烹調手法，便稱作「炒」。炒菜時，鍋子的表面溫度在200℃左右，利用晃動平底鍋或是翻拌食材的方式，避免食材停留在鍋面上，並藉由在空氣中翻動食材的過程使水分蒸發，將鮮醇味濃縮起來。此外油脂還可防止食材沾黏在鍋子上，增添獨特的鮮醇味與風味，使口感更為圓潤。

炒菜好吃的祕訣

炒菜需要高溫快速拌炒

一般通常認為炒菜是靠一把平底鍋，在短時間內即可完成的簡單烹調方式，但是想要炒得美味，還是需要注意一些重點。

首先炒菜的**基本原則**，**必須利用高溫在短時間內烹調**。將鍋子加熱至200℃左右，然後倒入油脂使鍋面充分受熱，此時再將食材下鍋，使水分在蒸發的同時，炒出爽脆的口感。

不過在**烹調不同食材時**，**必須調整火候與烹調時間**，像是蒜頭、青蔥、生薑這些辛香料，須用小火耐心炒出香氣，而肉或魚貝類一開始則要開火大炒至表面變硬，鎖住鮮醇味。另外容易釋出水分的葉菜類蔬菜，也要用大火快速拌炒，不過葉片較厚的高麗菜，開大火會使得高麗菜還未熟透便燒焦，所以反而應用中火來炒。

食材煮熟後再加調味料，避免出水

炒菜時，首先**要以小火拌炒會釋放出香氣的辛香料，接下來再依序用大火將食材炒熟**。

下調味料的時間，則要等最後下鍋拌炒的蔬菜變軟熟透後再加。如果蔬菜還沒炒熟就下調味料，會因為滲透壓的關係，使食材出水，變得水水的，有損熱炒料理特有的香氣及爽脆口感。所以**請事先將調味料全部備妥，等食材炒熟後再伺機加進去**。

一次不要炒太多

炒菜要炒得好吃，切記還有一個重點，那就是一次不要炒太食材。最近有推出火力強大、適用於熱炒料理的加熱器具，但是家用的瓦斯爐或是IH調理爐的火力大多會有一個極限，炒出來的菜無法像餐廳一樣美味。鍋子如果放進過多食材，就得花一些時間才能炒熟，因此才會使食材釋放出來的水分無法完全蒸發。

殘留很多水分時，就會讓食材變得不夠爽脆，而且水分還會使食材表面的油脫落，鮮醇味也會流失。所以**記得炒菜要用熱鍋，且須適量拌炒**。

食材、調味料、餐盤要事先準備妥當

炒菜要以大火快速加熱，大部分在3分鐘左右即可完成料理。這種烹調方式不能磨磨蹭蹭，所以舉凡器具、食材、調味料、餐盤等等，一定都要事前備妥。

使用多種食材時，須依拌炒順序擺在瀝網上，以便毫不遲疑地依序下鍋，所以**調味料也請務必事先量好**。調味料需要將醬油、酒、鹽混合在一起時，要先將不容易溶解的鹽完全溶解。等食材炒熟後，為了避免餘溫加熱食材會馬上盛盤，因此餐盤也要事先擺在一旁備用。最理想的方式，就是請用餐的人在餐桌上坐好等著上菜。

炒蔬菜

炒青菜時葉片與莖部不能同時下鍋

例如青江菜這類的蔬菜莖部較厚，而葉片部位較薄，加熱時每個部位變軟的時間就會有差別。因此如果一**起下鍋，莖部會炒不熟，葉片卻會變得軟趴趴**。想將莖部及葉片都炒到軟硬適中，首先要以中火將莖部拌炒2～3分鐘，等油遍布呈現鮮豔色澤，根部也變軟後，再加入葉片快速拌炒。

此外還要記住一個重點，熄火後要馬上盛盤。一般常說，「炒菜要炒至九分熟後熄火盛盤，享用時熟度才會恰到好處」。水分多的蔬菜，下鍋後一直放著會造成餘熱一直加熱，使美麗色澤與爽脆口感消失，所以**菜炒好後，請立刻將菜從鍋中一次盛到餐盤上**。

豆芽菜炒至爽脆的祕訣

豆芽菜的加熱方式會影響料理的美味度。其實不僅是熱炒料理，加熱烹調時都得注意不能過度加熱，最理想的境界就是保留住爽脆口感。**請以拿在手上時，豆芽菜不會彎腰鞠躬，可呈現站立的狀態為標準**。

豆芽菜拌炒時間太短，會吃到它特有的草腥味。不過，豆芽菜炒過之後看起來依舊像沒炒過一樣，幾乎沒什麼變化，算是種很難判斷熟成程度的蔬菜。因此除了靠外觀作判斷之外，拌炒期間最好數次取出試吃看看，**等到吃不出草腥味後就要馬上熄火，才能將豆芽菜炒得爽脆**。

炒豆芽菜

只要有豆芽菜就能輕鬆上桌

材料（2人份）——

豆芽菜 300g
油 1 大匙
砂糖 1/2 小匙
鹽 1/2 小匙
醋 1 小匙
花椒粉少許

作法——

1 豆菜洗淨後，將水分擦乾備用。

2 以平底鍋熱油，用大火拌炒作法 1 。

3 不時試吃看看，等草腥味消失後，馬上加入砂糖、鹽、醋，避免拌炒過度。

4 盛盤後撒上花椒粉。

炒肉

依照辛香料、肉類、蔬菜的順序下鍋炒

熱炒料理一般會使用具鮮醇味的食材，例如牛肉、豬肉、雞肉、火腿、培根、蝦子等等。就像清滷蔬菜會使用到高湯一樣，**熱炒料理的肉類也具有和高湯一樣的功能，可使蔬菜更加美味**。

首先拌炒可襯托風味的辛香料，然後再將火力轉大並加入肉類，最後再用釋放出鮮醇味的美味油脂來炒蔬菜。只是肉類加熱時間一久，肉質就會緊縮變硬，所以若有使用到類似高麗菜這種需要花一點時間才能炒熟的蔬菜時，**肉類的表面一變色就要暫時取出，並將蔬菜下鍋，等蔬菜炒熟後再將肉倒回鍋中**。不過像是豬肝這種具有獨特腥臭味的食材，最好先將蔬菜炒熟後備用。

辛香料用低溫油更容易炒出香氣

舉凡青蔥、生薑、蒜頭這類的辛香料，**用低溫加熱反而會溶出更多的香氣成分**。

尤其是蒜頭，水分少且醣類多，切碎後使用非常容易燒焦，一旦倒進熱油，風味還沒炒出來恐怕早就焦掉了，使得完成後的料理會混雜燒焦的蒜頭，看起來很不美觀，為了避免這種情形，請放入低溫的油中慢慢加熱。

韭菜、蒜頭可以減輕豬肝腥臭味

炒豬肝時，通常都會用到韭菜和蒜頭，其實這是有科學根據的。韭菜和蒜頭的香氣成分就是名為大蒜素的物質，這是一種有機硫化合物，為蒜胺酸經由酵素作用分解所形成的，這種大蒜素具有緩解豬肝腥臭味的效果。

此外豬肝富含維生素B1，而大蒜素在體內可以提高維生素B1的利用率。因此豬肝配上韭菜和蒜頭，在營養層面也相當合乎需求。

新常識

豬肝只要泡水就能除臭

想要去除豬肝的腥臭味，一般普遍認為得用牛奶來浸泡，但是近來運輸發達，保存狀態也改善了，所以**豬肝鮮度佳，不再需要浸泡在牛奶裡**。豬肝的腥臭味通常來自內部囤積的血液以及膽汁酸，兩者皆可溶於水，因此只要泡在水中即可。

重點在於**切成烹調時所需的形狀後，要將豬肝放血**。所以要將豬肝切成表面積大的形狀，將血液等雜質完全沖洗乾淨。只是長時間泡在水中，鐵質、維生素B群、葉酸這些營養素會流失，要特別注意。

而且鮮度降低後腥臭味就會變重，所以購買時**請選擇切面緊實具彈性的豬肝**。

豬肝炒韭菜

有效補充精力&吸收營養素

材料（2人份）——

豬肝 150g
薑汁 1/2 塊的分量
（連皮磨成泥後再搾成汁）
酒 1/2 小匙
韭菜 100g
豆芽菜 100g
油 1 大匙
A
醬油 1 大匙
砂糖 1/2 小匙
酒 1/2 小匙

作法——

1 豬肝切半後再切成 5mm 左右的薄片，然後放入攪拌盆中，開一點點活水，漂水 5～10 分鐘放血。

2 瀝乾水分，撒上薑汁和酒，然後醃至入味。

3 韭菜切成 5cm 長。豆芽菜洗淨，並瀝乾水分。

4 以平底鍋加熱 1/3 大匙的油，將作法 3 快速拌炒，再取出盛盤。

5 剩餘的油倒入平底鍋中，加入作法 2 拌炒。等豬肝變色後，再將韭菜及豆芽菜倒回鍋中拌炒均勻，最後加入 A 調味。

炒豆腐

炒豆腐時要用板豆腐

烹調豆腐的熱炒料理時，**要使用厚實有硬度、可以瀝乾水分的板豆腐**。

承如第96頁所述，嫩豆腐是將凝固劑加入豆漿當中直接凝固製成，所以蛋白質與水分會融為一體，水分無法分離。相對於此，板豆腐則是將凝固劑加入豆漿中使之凝固後，施壓瀝除水分，然後再塑型而成，因此豆腐與豆腐之間會存在流動的水分，一壓即可簡單脫水。

依據這種特性，需要先瀝乾水分再烹調的炒豆腐，就要使用板豆腐，而直接切塊後料理而成的涼拌豆腐或是味噌湯裡的豆腐，則可依個人喜好選擇板豆腐或嫩豆腐。

太白粉水加熱後口感會變滑嫩

麻婆豆腐或糖醋肉等料理，都會**使用太白粉調和雙倍分量的水**。太白粉為澱粉，加水加熱後會糊化，轉變成糊狀就會產生黏性，這就是所謂的「滑嫩感」。透過熱度將整齊排列的澱粉分子糊化，破壞形狀後口感就會變得滑嫩。

麻婆豆腐要勾芡時，**須一邊觀察湯汁收乾的程度，再慢慢地將太白粉水加進去**。太白粉要是煮得不夠久，口感就會怪怪的，所以要加熱至全部變成透明為止。

麻婆豆腐

入口即化的滑嫩嗆辣口感，實在美味無比！

材料（2 人份）——

板豆腐 1 塊（300g）
豬絞肉 100g
青蔥 1/4 根
生薑 1/2 塊
蒜頭 1 小瓣
紅辣椒 1 根
油 1 又 1/2 大匙
中式高湯 4 大匙
味噌 1 小匙
醬油 1 大匙
豆瓣醬 1 小匙
砂糖 1/2 小匙
酒 1 大匙
麻油少許
〔太白粉水〕
太白粉 1/2 小匙
水 1 小匙

作法——

1 豆腐大略弄碎後放在濾網上，靜置 10 分鐘左右將水分瀝乾。

2 青蔥、生薑、蒜頭、對切去籽的紅辣椒全部大略切碎。

3 以平底鍋熱油，倒入作法 2 及絞肉拌炒，快要炒熟後加入豆腐快速拌炒均勻。

4 加入中式高湯、味噌、醬油、豆瓣醬、砂糖、酒後煮滾。再將太白粉水倒入液體當中拌勻，加熱 2～3 分鐘直到太白粉水完全受熱，再從底部翻炒煮熟。

5 盛盤，然後撒上麻油。

炒蛋

炒之前再打蛋，並注意避免炒過頭

熱炒料理中，炒蛋要炒得美味，最重要的就是蛋的處理手法。首先要將蛋炒得夠鬆軟，請在炒蛋之前再將蛋打散。將蛋打散時，要將料理筷高高拿起，使空氣混入蛋液中，這樣在拌炒時空氣才會膨脹變鬆軟。**蛋打散後放置的時間愈久，空氣會跑掉，所以蛋打散後請馬上下鍋炒**。

此外想將蛋炒得鬆軟美味，千萬不能拌炒過度，否則炒太久，炒蛋就會變得硬邦邦，而且搭配其他食材時會鬆散不交融，吃起來不但不美味，也不方便食用，所以**炒至半生不熟後就要從鍋中取出**。

中式炒蛋要使用大量的油

使用不同的油量炒蛋，可烹調出不同狀態的炒蛋。當蛋遇熱變硬時，若有吃油就會變得鬆軟。例如日式炒蛋會加油一起炒，西式炒蛋會加入蛋用量10～15%的奶油一起炒，中式炒蛋則會使用20～25%的油，藉此就能明瞭油會如何影響蛋的鬆軟度了。

想要炒出中式炒蛋，要將足夠的油加熱，再一口氣拌炒至熟，油夠熱就不會炒出半生不熟的蛋，而且短時間就能上桌。

蝦仁炒蛋

用大火快速將蛋炒至鬆軟可口

材料（2人份）——

蝦仁 100g
蘆筍 1/2 把
生薑 1 塊（拇指大小）
蛋 2 個
鹽、胡椒各少許
油 2 大匙

〔調製醬料〕
酒 1/2 大匙
砂糖、醬油各 1/2 小匙
鹽少於 1/2 小匙

作法——

1 切除蘆筍根部較硬的部分，放入加鹽的大量熱水中汆燙至稍硬的程度，然後切成 3cm 長。生薑切成末。

2 以平底鍋熱油，一口氣將打散且加入鹽、胡椒的蛋倒入鍋中。以大火拌炒至半熟後，馬上取出。

3 作法 1 的生薑倒入平底鍋中拌炒一下，再加入蝦仁、蘆筍以大火拌炒。

4 炒熟後以繞圈方式加倒入調製醬料，然後將作法 2 倒回鍋中快速拌炒均勻。

炒飯

如何避免炒飯黏鍋？

炒飯正如其名，就是拌炒米飯而成的料理。使用鐵氟龍加工的平底鍋無須擔心燒焦黏鍋的問題，但是使用鐵製平底鍋或中華炒鍋，有時飯就會黏在鍋底。

為了防止這種現象，**祕訣就是油下鍋前，鍋子要事先充分加熱空燒**。等油下鍋後再熱鍋，油會因高溫分解，無法炒出粒粒分明的炒飯，所以油下鍋後，先轉動鍋子讓鍋面全部沾滿油，再將青蔥、白飯倒入鍋中。

炒飯美味鬆散的祕訣

炒飯是用油拌炒白飯，使每粒米飯都能被油膜包覆起來，炒出粒粒分明的狀態。

白飯下鍋後要轉成中火，再用木鏟輕輕按壓，使白飯緊貼鍋子加熱，等到看似快要燒焦的時候，再整個翻面以相同方式按壓，這道工序重覆4～5分鐘後，白飯就能炒得鬆散。一聽到開始發出啪吱啪吱的聲響時，代表飯已經炒好了。

此外在**炒飯之前，一定要先將白飯翻鬆。白飯仍有溫度時，會比冷飯容易拌炒**，所以最好事先用微波爐加熱。要是白飯又冷又結成團，在鍋中拌炒的次數就會增加，飯粒便容易被炒碎導致沾鍋。

炒飯需要加蛋時

炒飯要加蛋時，可以一開始先將蛋炒好，也能將飯炒好後再加蛋。

若想事先將蛋炒好，切記過度拌炒，以免蛋會變硬。想炒出鬆軟的蛋，得將蛋暫時從鍋中取出，**等到飯快炒好時再倒回鍋中拌炒均勻，這樣蛋就不會變硬，也能保持好看的色澤**。利用這個方法炒蛋會使用較多的油，所以不想要攝取過多油脂的人，可先將飯炒好後再加蛋，這樣子的炒飯**可以減少油量，也能炒出清爽的風味**。

順便提醒大家，例如什錦炒飯這類除了蛋之外還會加入其他配料的炒飯，配料須先用大火快速拌炒至香氣飄散出來，然後暫時取出，等白飯炒好後再倒回鍋中。

第8章

「炸」的訣竅

所謂的「炸」，就是將食材放入１８０℃左右的油中加熱，可利用高溫在短時間內將食材內部加熱至熟透，因此最大的特色就是不容易折損鮮醇味與營養素。食材倒入已加熱的油中水分就會排出，使炸油取代水分進入食材當中。譬如食材倒入油鍋的瞬間，油泡會滾滾而出，這就是水分排出的最佳證明，等油泡減少，也代表食材已經炸熟。總之炸物就是水油交換的烹調方式，只要水油能充分交換，就能將食材炸至酥脆。

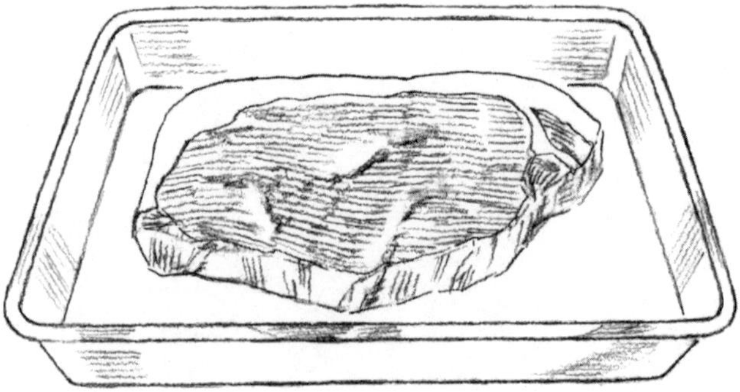

炸物好吃的祕訣

炸物切記要用適當溫度油炸

想炸出美味的炸物，唯一訣竅就是用適當溫度油炸。**只要使用溫度計控管油溫，大致上都能炸出理想中的炸物**。

好吃的炸物，最引人垂涎的狀態就是表面夠酥脆且呈現適當的金黃色澤，內部則要達到適當溫度。油溫過高，在食材水分排出之前，表面就會燒焦，所以無法炸得酥脆；相反地，油溫一旦過低，除了需要較長的時間油炸之外，也無法炸出焦香的金黃色澤，還會變得油膩膩的。記載在食譜上「用〇℃炸〇分鐘」的油溫及加熱時間，都是依照炸物上色程度、食材熟成程度、水分排出程度所設定的。

油炸時間會因食材而異，像主要成分屬於蛋白質的魚、肉類加熱時間短，主要成分為澱粉的根莖類加熱時間則會變長。

一次不要炸太多食材

油不同於水，並沒有沸點，具有容易加熱且容易冷卻的特性，因此會因為倒入油中的食材分量以及火候大小，造成溫度急劇變化。所以一次不要放入太多食材，**記得應控制在油的表面積一半左右**。

另外須使用保溫性佳、較厚的鍋子，而且**油要倒到7分滿為止**，這樣油炸時溫度才不容易改變。

油溫與油炸時間參考依據

食材種類	溫度（℃）	時間
天婦羅（魚貝類）	175～180	1～2 分鐘
（地瓜、南瓜）	160～170	4～5 分鐘
（茄子）	170	2～3 分鐘
（蘆筍、四季豆）	160～170	2～2 分 30 秒
（青紫蘇）	160	1 分 30 秒
炸牡蠣	180	1～1 分 30 秒
炸豬排	170～175	4～5 分鐘
可樂餅	180	1～1 分 30 秒
炸雞（雞腿肉）	160→180～190	5～6 分→1 分鐘
炸薯條	160→200	4～5 分鐘→1 分鐘

將麵衣滴入油中以判斷油溫

油溫用溫度計測量是最準確的方式。請用筷子攪拌油，使溫度一致後，再將溫度計伸進油中測量。

沒有溫度計時，將麵衣滴入油中也可判斷油溫，這種方式就是觀察水分蒸發的情形，藉此判斷溫度。

麵衣滴入油中會緩慢沉底，2～3秒後再浮起，就是160℃的低溫，沉到鍋底1秒左右再浮起，相當於170℃的中溫，沉進油中馬上浮起的時候，代表為180℃的高溫，要是麵衣不會沉下去，馬上在油的表面四散開來，即為200℃的高溫。另外，麵衣沉底後不會浮起來的時候，大概是140℃左右，這個溫度用來油炸食物就過低了。

炸物的麵衣有什麼功用？

炸物依據是否沾裹麵衣以及麵衣的種類，風味與口感也會有所不同。譬如像薯條這種無沾裹麵衣「直接油炸」的炸物、沾裹麵粉或太白粉的「乾粉油炸」，還有沾裹調和水與炸粉的「粉漿油炸」，此外更有沾裹麵包粉的「美式炸物」等等，油炸料理千變萬化。

直接油炸或是乾粉油炸，當食材的水分排出時，特殊腥味也會溶出，所以**例如青花魚這類魚腥味較強的食材，或是油膩食材都很適合直接油炸**。另外魚或肉只要直接油炸或是乾粉油炸後，炸油就會取代動物性油脂，反而可呈現出清爽的風味。

天婦羅的麵衣會包覆食材，而且麵衣本身也會釋出水分，可防止水分、鮮醇味、營養素從食材中溶出，所以**可將食材的美味度展現出來**。另外像是豬排、炸蝦、可樂餅，只要依照麵粉、蛋、麵包粉的順序沾裹後下鍋油炸，短時間即可炸出焦香風味，品嚐到酥脆的炸物特色。

怕太油的人可將食材切大塊

「炸物雖然好吃，但是很擔心熱量的問題。」「為了健康著想，所以一直很注意避免攝取過多油脂。」很多人都會有這番考量吧？

澱粉以及蛋白質1g有4kcal，相對於此，油的熱量卻高達9kcal。究竟炸物會吸收到多少油脂呢？現在就來看看不同油炸方式的吸油率。

若以相同食材作比較，**吸油率由低至高的排序為直接油炸、乾粉油炸、粉漿油炸、美式油炸**。也就是說，麵衣分量愈多吸油率就會上升，熱量也會變高。此外同樣是天婦羅，但是與炸至酥脆的天婦羅相較之下，油水無法完全交換、炸起來軟趴趴的天婦羅，油脂含量也較多。

再者食材的表面積不同，吸油率也會有所差異。以馬鈴薯為例，切成四等分的吸油率為2%，切成條狀為4%，不過表面積大的薯片則會變成15%。想要盡可能降低吸油率的話，就要**將食材切大塊一點**，**或是麵衣沾裹薄一些再下鍋油炸**。

新常識

用過幾次的油也能炸得很美味

油炸食材時，釋放到油當中的水分會有醣類及胺基酸等風味成分溶於其中，然後水分會在油中蒸發，而風味成分卻會留在油當中。用新油炸地瓜，與用直接油炸白肉魚之後的油來炸地瓜，兩者相較之下，使用炸過白肉魚之後的油，通常會贏得更加美味的評價。所以建議大家可視不同料理，將油重覆使用2～3次，例如**新油可用來炸腥味較少的蔬菜或白肉魚，使用過兩次以上的油再用來炸青背魚或肉類**。

只不過油一旦加熱後，就會因為空氣中的氧氣而氧化分解，分子會逐漸變小，這也是造成色澤與氣味變差的原因之一。再加上分子一旦分解後，會在油中再度結合，導致出現黏性，所以會妨礙食材的水油交換，無法炸得酥脆。

像這樣的變化，會隨著油氧化得愈厲害而加速進行，不過添加新油即可抑制這種變化。與其替換掉所有用過的舊油，**倒不如視油量減少程度添加新油更為恰當**。此外油如果有雜質混入其中，氧化情形會加劇，**所以炸完之後請馬上過濾**。

炸天婦羅

為什麼天婦羅的麵衣要用低筋麵粉？

麵粉加水攪拌均勻後，蛋白質的麥膠蛋白與麥蛋白就會在水的媒介下結合，形成具有黏性的麩質。炸物會在油中釋放出水分，藉此炸至酥脆，但是麩質特性卻會緊緊抓住水分，導致麵衣無法炸得脆口。

為了防止這種現象，炸天婦羅也應使用麵粉當中蛋白質含量少的低筋麵粉，才能**降低麩質，避免產生黏性**。此外還要**使用冷水，減少攪拌次數，油炸前再混合麵衣**，這些技巧都能避免形成麩質。

加入蛋和小蘇打可以炸得更酥脆

天婦羅的麵衣，有時會加入蛋以及小蘇打。蛋的特色是只要加熱，蛋白質就會變硬，將水排擠出來，所以可以炸得酥脆，風味也會提升。小蘇打則是在油炸時會產生碳酸，可將麵衣壓平，所以水分容易排出，可炸出酥脆口感，而且油炸之後麵衣也不易吸收濕氣，不會變得黏黏的。

蔬菜、魚貝類要依序油炸

天婦羅最重要的就是油炸順序。首先要從蔬菜開始炸，其次再炸蝦子等魚貝類。先炸魚貝類的話，魚的油脂會溶出，使炸油變髒。天婦羅屬於重視食材原味的料理，所以最好不要沾染上其他食材的腥臭味。

而且**魚或墨魚撒上低筋麵粉後，要先等麵粉吸收水分再沾裹麵衣，這樣在油炸時麵衣才不容易剝離**。

讓炸什錦不分散的訣竅

靠麵衣將食材黏在一起油炸的炸什錦，有時一下油鍋就會四分五裂，想要防止這種現象，關鍵就是加強黏性。**請將麵衣的低筋麵粉下多一點，讓所有食材都能拌到麵衣，使之融為一體**。除了炸什錦之外，想連同天婦羅一起下鍋炸的話，要等其他的天婦羅全部炸好之後，再將低筋麵粉加入剩餘的麵衣中，充分拌勻即可使用。

下油鍋時有一些技巧，**要將炸什錦放在木鏟上整型得薄一點，再滑入油鍋中油炸**。等到炸什錦開始變得有點硬的時候，再用筷子刺洞使油得以通過，方便內部都能炸至熟透。

蝦仁鴨兒芹什錦炸物

香噴噴又色彩鮮豔，完全展現食材鮮醇味

材料（2 人份）——

蝦仁 100g
鴨兒芹 50g
炸油適量
〔麵衣〕
打散蛋黃 1/2 個的分量＋冷水 1/2 杯
低筋麵粉 1/2 杯
〔天婦羅沾醬〕
高湯 5 大匙
醬油 1 大匙
味醂 1 大匙

作法——

1 蝦仁用竹籤去除腸泥。鴨兒芹切成 3～4cm 長。

2 打散蛋黃加入冷水達到 1/2 杯的分量，倒入攪拌盆中充分攪拌均匀。撒入低筋麵粉，混合均匀避免結塊，製作成麵衣。

3 放入蝦仁與鴨兒芹，然後攪拌至所有食材都沾裹上麵衣。

4 油加熱至 170℃後，將 1/4 分量作法 3 的混料擺在木鏟上攤平，用筷子推入油中。

5 一次放入 2 個油炸，下鍋後等 10 秒左右。待表面變硬開始上色後再翻面，然後將油溫提高至 180℃，最後用筷子觸碰感覺酥脆後再撈起來。

6 天婦羅沾醬的材料倒入鍋中，煮滾即可。

炸豬排

肉要敲軟斷筋

製作炸豬排時，**首先要用肉鎚或啤酒瓶輕輕拍打豬排**，透過這個動作，可破壞結締組織與肌肉組織，使整塊肉變柔軟。用力拍打時，可將肌肉纖維破壞至可用筷子夾斷的柔軟度，如此便可炸出方便年長者或嬰幼兒食用的炸豬排。

另外**如果想用豬里肌肉製作炸豬排，須將肥肉與瘦肉之間的筋切斷**。筋主要的成分為膠原蛋白，一加熱就會收縮變硬。如能事先用菜刀刀尖

豬排要斷筋

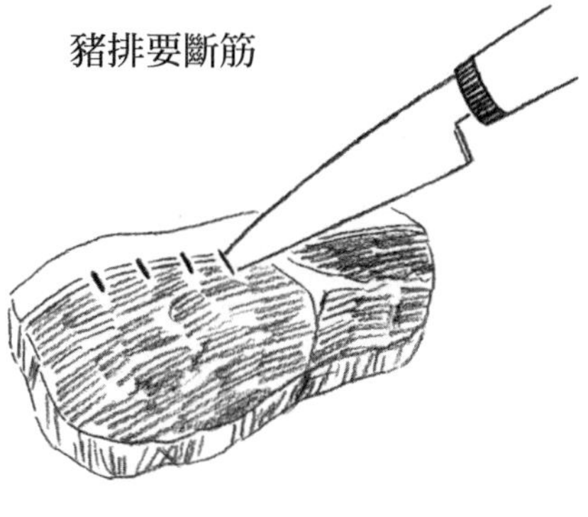

將菜刀拿直，在筋的地方切 5～6 刀。

將筋切斷，炸豬排時筋就不會縮起來，導致瘦肉的部分捲曲成碗狀，以防止麵衣剝落。順便教教大家，由於腰內肉沒有筋，所以不需要斷筋也無妨。

三層麵衣才能鎖住肉的鮮醇味

如同前文所述，炸物的麵衣是用來防止食材的水分及鮮醇味流失。**炸豬排會依照麵粉、蛋液、麵包粉的順序裹上麵衣**，這麼做可使麵粉吸收肉的水分形成外膜，接著蛋液受到凝固後又會再形成另一層膜，因此肉的鮮醇味便不易流失，此外蛋液還能發揮黏附麵包粉的角色。

而且麵包粉水分少，所以可以炸至金黃色澤，帶來獨特香氣與酥脆口感。麵包粉分成乾燥的麵包粉以及生麵包粉，乾燥麵包粉水分少，所以容易上色，炸好後非常酥脆。反觀生麵包粉利用相同手法油炸過後，外皮顏色會比較淺，口感偏軟，所以大家試著品嚐比較兩種不同的風味。

新常識

炸豬排用少量油可炸得更鮮嫩

像炸豬排這類的炸物，油炸時一般都會使用足量的油，但其實也能用淹過食材一半高度的油量來油炸。

這時候的**烹調祕訣，就是須從較低的油溫開始炸，炸到一半再反覆上下翻面，將油炸時間拉長，把水分完全逼出來**。這屬於西式炸肉排的作法，由於無法像日式炸豬排一樣，在油中將水分一口氣蒸發，所以炸好後麵衣較為濕潤柔軟。

家庭人數少且不知烹調後如何處理炸油時，或是很少烹調炸物的家庭，還有家裡有老人小孩等偏好柔軟口感的人，都很建議採用這種烹調方式。

炸豬排

用適溫油炸就能鎖住肉的鮮醇味！

材料（2人份）——

豬里肌肉2片（200g）
鹽1小撮（0.3g）
胡椒少許
麵粉適量
蛋液1/2個的分量
麵包粉適量
炸油適量
炸豬排醬適量
芥末醬適量
高麗菜（切成絲）100g

作法——

1 在豬肉肥肉與瘦肉之間的筋切5～6刀，再撒上鹽、胡椒。

2 撒上麵粉後沾裹上蛋液，然後撒上麵包粉。

3 油倒入平底鍋中加熱，且炸油距離鍋底須達3cm高。加熱至170～175℃後，慢慢地將作法2放進油鍋中。

4 油溫加熱至170～175℃之前都須開大火，油溫一到再轉中火，重覆上述作法2～3次，油炸4～5分鐘。等內部也完全熟透後，再撈起來。

5 切成4～5塊後盛盤，最後搭配上醬汁、芥末醬、高麗菜絲即可享用。

炸雞塊

為什麼大家都說油炸兩次比較好？

像整隻雞這種大型食材油炸時，一般都會油炸兩次。第一次會用低溫花較長時間油炸，這道工序是為了避免表面已經完全炸至金黃色，但是內部卻尚未熟透的情形。炸物是藉由高溫炸油加熱食材，相較於其他的加熱烹調方式，表面與中心部位的溫度差距相當大。因此**先用低溫炸油慢慢炸過之後**，**可使中心部位也完全熟透**，接下來雖然會暫時從油鍋中取出，但此時會靠餘熱往中心部位加熱，表面的水分則會蒸發。

但是在低溫油炸的狀態下容易吸油，所以**第二次油炸會將油溫提高將油逼出來**，**同時也能炸至恰到好處的金黃色澤與香氣**。最後表面的水分可以完全蒸發炸至酥脆，內部則能保持多汁狀態。

雞肉炸得酥脆又多汁的祕訣

在家裡炸雞塊的時候，很多人應該都只會油炸一次，但是像這種時候也能**藉由調整油溫，達到與油炸兩次一樣的效果**。

先將事先醃過的雞肉完全擦乾水分後撒太白粉，接著馬上用160℃的低溫油炸5～6分鐘。等肉炸熟後，**要離鍋前請再將火轉大，將油溫提高至180～190℃**。透過這種方式，就能將肉直接放在油鍋中進行二次油炸，將炸雞炸得酥脆又多汁。

炸雞塊

炸雞離開油鍋前再提高溫度

材料（2人份）——

雞腿肉 300g
醬油 2 大匙
酒 1 大匙
胡椒少許
太白粉 3 大匙
炸油適量

作法——

1 雞肉、醬油、酒、胡椒放入攪拌盆中，充分揉捏雞肉使之入味後靜置 20 分鐘左右。

2 將擦乾水分的作法 1 及太白粉放入塑膠袋中，將袋中裝滿空氣後綁緊袋口，搖晃塑膠袋將太白粉沾裹在雞肉上。

3 以平底鍋熱油，溫度達到 160℃後，將抖掉多餘粉料的作法 2 倒入油鍋中。不時攪拌一下，油炸 5～6 分鐘。

4 最後將油溫調高至 180～190℃，等炸至金黃色後再將雞肉從油鍋中撈出。

調製醬料一覽表

	材料（2 人份）	作法
二杯醋	醋……少於 1 大匙 醬油……1/2 大匙 高湯……1～2 大匙	所有材料攪拌均勻。
三杯醋	醋……1 大匙 醬油……1/2 大匙 砂糖……1 小匙 高湯……1/2 大匙	所有材料攪拌均勻。
甜醋	醋……1 又 1/3 大匙 鹽……1/3 小匙 砂糖……1 又 1/3 大匙	所有材料攪拌均勻。
橘醋醬油	柑橘類現榨果汁……少於 1 大匙 醬油……1 又 1/2 小匙	所有材料攪拌均勻。
高湯醬油	高湯……2 大匙 醬油……2 小匙	所有材料攪拌均勻。
天婦羅沾醬	高湯……1/2 杯 醬油……1 大匙 味醂……1 大匙	材料倒入鍋中煮滾。
蕎麥麵（沾醬）	高湯……2/3 杯 醬油……2 大匙 味醂……1 大匙	材料倒入鍋中煮滾。
麵線（沾醬）	高湯……1 杯 醬油……2 大匙 味醂……1 大匙	材料倒入鍋中煮滾。
蕎麥麵、烏龍麵（淋醬）	高湯……2 又 1/2 杯 醬油……2 大匙 味醂……2 大匙	材料倒入鍋中煮滾。

第9章

「蒸」的訣竅

所謂的「蒸」，就是利用水蒸氣將食材加熱的烹調方式。水放入蒸鍋內加熱後會形成水蒸氣，不過一接觸到食材表面又會冷卻變回水滴。水滴大部分會往下滴落，然後再度被加熱，所以會持續形成水蒸氣加熱食材，於是可維持近100℃的加熱溫度，即便食材分量再多、體積再龐大都不會燒焦，可平均蒸熟。此外最吸引人之處在於食材的形狀不易崩散，營養成分也不易流失。

清蒸好吃的祕訣

雜味少的食材才適合清蒸

食材蒸過之後風味成分不易流失，雜味成分也不易溶出，因此雜味少的食材適合清蒸。**除了米和麵粉這類的穀類、芋頭、豆腐、蛋、菇類之外，肉與白肉魚也很推薦大家蒸熟來吃**。

不過食材在蒸的時候基本上不會增添任何味道，所以一般在蒸之前會事先醃過，或是在蒸熟後再利用調味料、沾醬、勾芡等方式來增添味道。

等蒸氣冒出來後再將食材下鍋

食材要等到蒸氣充分冒出後，再放進蒸鍋。如果蒸氣冒出前就將食材下鍋，剛開始產生的蒸氣一遇到低溫的食材表面就會冷卻，形成水滴，這種狀態時間一久，將導致食材變得水水的，而且蒸鍋的溫度也需要一段時間才能回復，所以魚或肉的鮮醇味以及營養成分便容易溶出。

一般鍋子也能輕鬆做出清蒸料理

清蒸料理原本須使用蒸鍋或蒸籠來烹調，不過類似茶碗蒸這樣使用較深容器的料理，還有更簡便的烹調方式。

第一步請將容器直接擺進普通的鍋子裡，再**注入淹至容器三分之一高度的熱水**，接下來只需蓋上鍋蓋直接加熱即可，此時須將鍋蓋稍微錯開，而且**祕訣是要以小火維持在90℃左右**，**慢慢地加熱**，這個手法也稱作「地獄清蒸」，十分推薦大家想吃清蒸料理又不想費時耗力時採用。

蒸蛋

新常識

茶碗蒸的蛋液不需要過濾

「雖然愛吃茶碗蒸，但是過濾蛋液好麻煩……」你是不是有這種困擾呢？

過濾蛋液，是為了使口感更加滑順，但是有過濾蛋液的蒸蛋，與蛋液未經過濾的蒸蛋，針對滑順度、柔軟度、味道等方面進行比較之後，發現兩者幾乎找不到差異。蛋液未經過濾的蒸蛋，會發現一些小於辣椒籽的蛋白塊，但是最後並不會影響美味度，尤其是裡頭有加料的茶碗蒸，品嚐時完全吃不出來。

也就是說，製作茶碗蒸時，**只要將蛋打散後與加入調味料的高湯拌勻，注入容器中蒸熟即可**。這樣除了可以省下過濾的工序，還能節省清洗濾網的時間，所以可當作平日的簡易菜色之一。

茶碗蒸「不起泡」的祕訣

攪打蛋液時，若像打發蛋白成鬆軟的蛋白霜，蛋白就會形成薄膜包覆空氣，產生許多的泡泡。在蛋液仍有泡泡的狀態下加熱，大部分的泡泡雖然會在受熱後排出蛋液，但是剩餘的泡泡卻會留在蛋液中變硬，這就是所謂的「起泡」狀態。所以**蛋液不能用攪打的方式，而要將料理筷垂直地伸進攪拌盆底部，朝前後左右移動，這樣就能避免空氣混入其中**。

想要蒸蛋「不起泡」，**火候大小也很重要**。蛋液蒸過之後除了會形成水蒸氣之外，蛋當中的蛋白質，例如白蛋白以及球蛋白等也會凝固分離出水分，形成水蒸氣。開大火用高溫蒸蛋，除了會冒出劇烈的水蒸氣外，蛋也會急速凝固，導致無法排出的水蒸氣增加，最後無法排出的水分就會被鎖在蛋液中直接凝固，造成「起泡」現象，所以茶碗蒸得用小火慢慢加熱才行。

蒸的溫度不同會呈現出不同口感

經實驗證實，用85℃蒸30分鐘的茶碗蒸，風味可獲得「非常好」的評價，用90℃蒸10分鐘的茶碗蒸，風味則被評斷為「很好」，不過這只是口感偏好的問題，風味上並沒有太大差異。**用85℃蒸熟的茶碗蒸口感軟嫩，用90℃蒸好的茶碗蒸吃起來較為滑溜**，所以才會各有所好。若要在家裡製作茶碗蒸，實際上都會以90℃蒸10分鐘，但是大家不妨視個人喜好，試著將溫度與加熱時間變化看看吧！

茶碗蒸的配料建議使用乾香菇

想蒸出風味深奧的茶碗蒸，建議用乾香菇來作為配料。清蒸可使食材緩慢加熱，**所以乾香菇內含的酵素就能發揮作用，形成鮮醇味**，這種鮮醇味會遍布在蛋液當中，使蒸好的茶碗蒸更加美味。

茶碗蒸

蛋液無需過濾，與高湯拌勻即可

材料（2人份）——

蛋 1 個
高湯 1 杯
鹽 1/4 小匙
醬油 1/4 小匙
魚板 2 片
乾香菇小的 2 朵
鴨兒芹 2 根

作法——

1 乾香菇加水泡 1 小時，或是放進冷藏庫冰一整晚備用。

2 蛋打入攪拌盆中，用筷子打散。倒入混合鹽與醬油的高湯攪拌，但是攪拌時須避免起泡。

3 泡軟的香菇斜切成薄片，鴨兒芹切成 5cm 長。

4 在 2 個容器中分別放入 1 片魚板與 1 片香菇，再倒入作法 2 的蛋液，然後蓋上蓋子（沒有專用容器的話，可倒入耐熱玻璃容器中再包上保鮮膜）。

5 容器擺入鍋中，將熱水倒至容器 1/3 高的高度，蓋上鍋蓋後開火加熱。以大火蒸 2 分鐘，等熱水沸騰後將鍋蓋稍微打開，以小火蒸 10 分鐘左右。蒸熟後再放入鴨兒芹。

蒸魚貝類

使用新鮮的魚，再用鹽事先醃過

「蒸」這種烹調方式，與燉滷及煎烤相較之下，食材的成分變化極少。優點是能保留食材的鮮醇風味及營養成分不易流失，但是反過來說，雜味及腥臭味無法排出也是它的缺點之一。

因此，**蒸魚時須選擇鮮度佳的魚貨**。請檢查魚的表面是否飽水充滿光澤，魚眼是否晶亮，魚鰓是否呈現鮮紅色，魚肉是否具有彈性，才能選購到新鮮的魚。

魚的蛋白質一經加熱就會凝固，只要超過40℃，鮮醇味就不會流失，但同時味道也不會吸收進來。所以蒸之前請撒一點鹽醃一下，這樣魚蒸好後才不容易變紮實，吃起來才會多汁，但是**加熱過度魚肉會乾柴，所以請多加留意**。

酒蒸白肉魚

魚夠新鮮就能蒸得多汁又嫩口

材料（2人份）——

白肉魚2片（180g）
鹽1/5小匙
昆布3cm的塊狀2片
酒1/2大匙
橘醋醬油適量
白蘿蔔泥100g
青蔥1根

作法——

1 白肉魚撒上鹽，靜置10分鐘後擦乾水分。

2 在稍有深度的餐盤中，分別擺上1片昆布與1片魚肉，然後撒上酒（昆布若要食用，可用濕布擦濕後再用廚房剪刀剪碎成5mm左右備用）。

3 蒸鍋加熱，等蒸氣冒出後將作法2連同盤子放進鍋中，然後蓋上鍋蓋，以較強的中火蒸12～15分鐘。

4 從蒸鍋中將盤子取出，擺上蘿蔔泥，再將一整把切好的蔥花擺在上頭。另取一個容器，盛裝橘醋醬油擺在一旁。

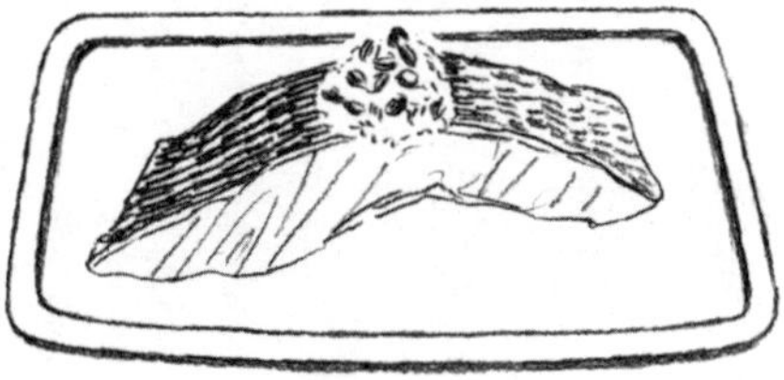

蛤蜊要用類似海水的鹽水吐砂

蛤蜊要吐沙時，**蛤蜊應擺在鐵盤上，注入接近海水約3%濃度的鹽水至淹過蛤蜊的高度，浸泡一段時間**，使蛤蜊吸進乾淨的鹽水，將沙子吐出來。重覆吸水吐沙的動作後，蛤蜊就能逐漸將沙子吐乾淨。吐沙時最好擺放在室溫下，不要冰進冷藏室，並且要放在陰暗處避免過於明亮，這樣才能將沙子吐乾淨。

貝類要用大火一口氣蒸熟

清蒸貝類時，切記一定要用大火。強烈蒸氣才能讓所有食材受熱，使外殼連接處的蛋白質可以一口氣凝固，所有的貝類才會在幾乎相同的時間點打開。火力太小時，外殼打開的時間點會錯開，使得外殼先打開的貝類過熟。

貝類外殼打開當下就是最佳賞味時機。一旦過度加熱，內含鮮醇味的水分就會釋出，使得肉質緊縮，有損美味度，所以要注意火候的掌控。

酒蒸蛤蜊

濃縮海潮香氣與鮮醇美味

材料（2人份）——

蛤蜊（帶殼）400g

酒3大匙

※酒可用白酒或紹興酒取代。

鹽適量

青蔥1～2根

作法——

1 蛤蜊吐沙，然後在大量水中摩擦外殼充分洗淨，而且清洗時須更換2～3次水。

2 酒、蛤蜊放入鍋中，蓋上鍋蓋以大火加熱。

3 蒸3～4分鐘後，稍微打開鍋蓋檢查看看。發現有幾顆蛤蜊還沒有打開外殼時須晃動鍋子，等到幾乎所有的蛤蜊都打開外殼後熄火。試試看味道，不夠鹹的話再撒上少量的鹽。

4 連同湯汁一起盛盤，最後撒上蔥花。

第10章

保存的訣竅

屬於生鮮食品的蔬菜、水果、肉、魚貝類、蛋等等，一旦長時間擺放，風味、香氣、營養素都會折損，最後甚至會腐壞……。為了防止這些劣化現象，可長時間保存的方法有「冷藏」以及「冷凍」。冷藏就是將食品的溫度降低，以0～10℃保存，而冷凍則是用更低溫，將食品結凍保存。快來了解冷藏與冷凍的機制，聰明保存食材吧！

保存食材須適材適所

為什麼要低溫保存？

究竟為什麼食品用低溫保存後，就不容易腐壞呢？那是因為溫度愈低，細菌愈不容易增殖的關係。細菌會分解溶於水中的營養素，吸收後進行增殖，一般來說，適合增殖的溫度為15℃～40℃，據說35℃上下則是最容易增殖的溫度。

相反地，造成食物中毒的細菌在10℃以下便不易增殖，0℃以下幾乎無法活動。也就是說，將食品保存在10℃以下，或是0℃以下，導致食品劣化及腐壞的細菌便活躍不起來。尤其是吃沒幾口已經受汙染的食品，容易成為細菌的營養源，所以請特別留意。**曾用筷子碰過的食物，請再次加熱，冷卻後保存**。

適合保存的溫度帶，會因食品而異。冰箱分成冷藏室、冰鮮室、蔬果室、冷凍室等區域，且設定成不同的溫度，所以請確認各種食品適合的保存溫度，分開冷藏、冷凍保存為宜。

留住美味的冷凍保存訣竅

食品溫度只要降至0℃以下，食品中的水分就會結凍成冰，因此以水作為媒介的細菌，活動力就會下降，但是並非完全滅絕，有些細菌解凍後會開始活躍起來，所以應特別注意。

食品一經冷凍，無添加物即可長時間保存，能稍微抑制營養素的流失，只是風味與口感都會改變，有時會感覺吃起來沒那麼好吃。

保存於冰箱時須適材適所

溫度	適合的食材
冷藏室（約 3～5℃）	煮好的食品／常備菜／飲料等等
冰鮮室（約 0～2℃）	豆腐／生魚片／優格／醬菜等等 鮮度容易變差的食品 不適合冷凍的食材
蔬果室（約 6～8℃）	葉菜類蔬菜／水果等等
冷凍室 （約零下 18～零下 20℃）	冷凍食品／冷凍保存的食材等等

為了防止這種現象，**須注意冷凍時乾燥與氧化的問題**。食品放在冷凍庫中會接觸空氣造成水分蒸發變乾燥，除了會變得乾巴巴之外，同時還會變成咖啡色，這個狀態是類似食品中的脂肪氧化，也就是「脂質過氧化」現象，所以稱作「冷凍過氧化」。

為了防止乾燥與氧化，食品要緊密包覆避免接觸氧氣，所以**請使用冷凍用保鮮袋保存，而且食品放入袋中之後，須將空氣完全排出**，此外排出空氣也能加速解凍時間。若要將白飯等食品放入塑膠製密封保鮮盒保存時，食品上頭須緊密地鋪上保鮮膜，然後再蓋上盒蓋，還要盡量將食品分裝成小分量，例如絞肉可以壓薄後再用保鮮膜包起來，以利迅速冷凍與解凍，烹調起來才更方便。

蔬菜不適合冷凍

肉、魚貝類、白飯、薯類適合冷凍，但是蔬菜整體來說都不適合冷凍。蔬菜水分多，一經冷凍水分就會凍結，解凍時水分流出後就會產生空隙，變成海綿狀。

像是被加工成冷凍食品販售的紅蘿蔔、豌豆、玉米等等，所使用的冷凍蔬菜都是專門開發出來的，因此不容易因凍結而受影響。蔬菜買回家後要趁新鮮品嚐，**想要買回來放的時候，不妨試著善加運用市售的冷凍食品**。

聰明善用微波爐

微波爐除了會從外側加熱外，也會從內側加熱，所以經冷藏、冷凍保存的食品，可以快速復熱。正因為微波爐的發明，冷凍食品才開始普及，也才能將米飯或配菜事先煮起來放。

只是微波爐也有缺點，就是會出現解凍不平均的情形。舉例來說，解凍一條魚時，請在魚尾的部分快要煮熟前從微波爐中取出，放在室溫底下稍待片刻等候解凍。分切作為生魚片的魚，則要在邊邊角角變白前取出。無論任何食物，解凍程度都會超過看起來的感覺，所以下刀時會出乎意料地容易。其實維持在半解凍的狀態，反而更容易分切。

而且用微波爐解凍後，流出的水分（水滴）有時會增加，比方像內部已經開始解凍的食品，如果花費過多時間微波解凍，流出的水分會多到不行。因此**冷凍保存的食品，解凍時的祕訣就是不要超時解凍**。

不同食材的聰明保存方法

蔬菜的保存方法

【常溫保存①】：紅蘿蔔、白蘿蔔、芋頭、地瓜不耐濕氣及低溫，因此要用報紙包好放在室溫下保存。一般室溫以15～25℃為參考依據。

【常溫保存②】：外皮較厚的南瓜、洋蔥、馬鈴薯、蒜頭等蔬菜，可以常溫保存，請直接擺在通風佳的陰涼處保存即可。而且馬鈴薯與蘋果一起存保可抑制發芽。

【冷藏保存】：類似白蘿蔔這種經分切後的蔬菜，須包上保鮮膜送進蔬果室保存。青菜、萵苣、小黃瓜等蔬菜則要用濕報紙包起來，冷藏過度會有損風味的番茄及茄子等蔬菜，則要包上報紙再放進塑膠袋中，冰進蔬果室保存。

【冷凍保存】：蔬菜要冷凍保存時，基本上應先加熱烹調過後再進行冷凍。像是白蘿蔔以及蓮藕等根莖類蔬菜，應燙熟後分成小分量再包上保鮮膜，冰進冷凍庫裡保存。菠菜和小松菜等青菜，則要燙熟後將水分充分擰乾，切成方便食用的長度，分別少量包在保鮮膜裡，再冷凍保存。

肉類的保存方法

【冷藏保存】：肉從盒中取出後，應分成各100g的小分量，用保鮮膜緊密包覆，避免空氣混入。而且建議大家可用味噌醃過，可延長冷藏保存的時間。

【冷凍保存】：譬如像切成薄片的肉或是絞肉，可分成各100g的小分量用保鮮膜包起來，再裝進冷凍用塑膠袋放進冷凍室保存。若能切成一口大小，事先醃漬入味再用保鮮膜包起來，會更方便使用。雞肉則要先蒸熟，再撕成肉絲冷凍保存，這樣想做沙拉或拌菜時就能馬上使用。

魚貝類的保存方法

【冷藏保存】：一條魚要事先剔除內臟處理過後，或是片成三片再用保鮮膜包起來，這樣放進冷藏庫保存的時間才能拉長。魩仔魚乾則要將外包裝打開，再倒進保鮮盒中保存。

【冷凍保存】：不會馬上食用的魚片或魚塊，可以分別一片片用保鮮膜包起來，再裝進冷凍用塑膠袋中冷凍保存。蛤蜊這類的貝類，吐沙過後可直接放進冷凍用塑膠袋再送進冷凍室。

豆腐、乳製品的保存方法

【冷藏保存】：豆腐、乳製品基本上都是不適合冷凍的食材。開封後用剩的食材應放入保鮮盒中，確實蓋上盒蓋再冷藏保存。若有吃不完的豆腐，保存時要在保鮮盒中裝滿水。

【冷凍保存】：冷凍後豆腐的口感會改變，但是可以當成凍豆腐來使用。油豆腐可以切成容易入口的大小後，再分裝成小分量用保鮮膜包起來，直接冷凍保存。

結語

因為簡單所以更要動手做

千萬別以為非怎樣做不可

在這世界上，料理的資訊無所不在，從書籍、雜誌、電視，還有網路等媒體都能隨手可得。一九五〇年代，專業廚師開始在書籍及電視上露臉，自此以後，許多人便會參考專家的智慧與技巧來製作家常料理，廚師或料理研究家會告訴大家「烤肉時應該怎麼做」、「煮菜時又必須怎麼做才行」，於是有很多人就會比照辦理。

而且在學校家政課的料理實習課上，也大多會依循長年慣用的烹調手法，將此視為正統作法。舉例來說，菠菜明明先切再燙可以節省時間，但是卻沒有教科書會採用這種作法。但是口味喜好會因人而異，如能做出符合個人喜好的料理，任何方式都是可行的。

因此，**做料理並沒有「不能這樣做」，或是「一定得那樣做」的規矩**。最重要的是不要拘泥於舊有觀念，輕鬆自在地烹調出自己與家人感覺「美味」的料理即可。

每天最想吃的是「日常」菜色

日本自古將祭典與節慶的日子視為「特殊節日」，一般的日子則視為「日常生活」。非日常生活的特殊節日，會盛裝打扮，享用糯米紅豆飯等節慶料理、品嚐美酒，在特別的日子裡縱情狂歡。相對於此，在一般的日常生活中，則會穿著普通服飾、食用一般菜色。就像這樣，人們會依據餐飲及服裝的變化，區分出特別的日子與日常生活。

經濟高度成長下，日本人的飲食生活開始富饒起來，過去在特殊節日享用的料理，也都能在日常生活中品嚐得到了。因此現在與過去相較之下，「特殊節日」與「日常生活」的界線也變得模糊不清。新年身著華服，品嚐年節菜肴與菜肉醬湯的家庭不斷減少，然而平時總是盛裝打扮過日子，日常三餐在餐桌上擺滿大魚大肉的家庭，似乎也在少數。

可是唯有平時品嚐得到的「日常」菜色，才稱得上是家常料理不是嗎？簡單烹調，即可上桌的美味療癒風味，每天最想吃的就是這樣的料理。過去就連食譜書，也會劃分出家常菜與宴客菜，分門別類介紹作法。家庭日常食用的料理，以及款待客人專門製作的特別料理，都比現在更用心地區分開來。

日常三餐，會將三兩下即可完成的美味家常菜端上桌，等到要款待客人時，或是特殊節日的餐點，再花時間準備功夫菜，這麼做才能提升特殊節日的特別之處。

「簡單」不是偷懶，而是理所當然

一般通常認為，愈是耗時費力烹調，愈能端出美味的料理。偶爾使用便利工具節省時間，甚至會遭受批評是在「偷懶」。

但是近來性能優越的料理器具大量推出，實際比較用菜刀切與用削皮器切的蔬菜料理，會發現味道根本沒差。而且使用削皮器更能快速又簡單地將蔬菜去皮或切成絲、將牛蒡削成細片。

此外承如前文所言，現在食材的運輸與品種皆有別以往，居家的烹調環境也有莫大改變，從前不可或缺的料理手法，已經變得不再需要。

舉例來說，白米的精米技術提升後，米根本無須淘洗，快速洗幾下即可去除髒汙，甚至也有免洗米。此外蔬菜整體來說青澀味都變少了，所以無須去澀的蔬菜愈來愈多。油豆腐則是因為油質改善，因此不再需要去油。滷魚也比從前大家庭一次滷的分量減少，所以也不再需要一開始將滷汁煮沸了。也就是說，**遵循從前的步驟花時間烹調，並不一定會使料理嚐起來更美味**。

省下不會影響美味度的工序，將料理簡單製作出來，這絕對不是在偷懶。近來職業婦女增加，日日忙於工作、家事、育兒的人比比皆是，這些人很難一直依照過去的烹調方式製作料理。希望大家可以遵守連綿相繼而來的智慧與技巧，進而在能力範圍內找出簡便的方法，使口口聲聲說「太忙沒時間做菜」的人，也能利用這些方法，「再忙都能做出料理來」。

唯有簡單即可完成美味料理的手法，才為現代人所需要，才稱得上合理的現代創新烹調方式。

家常菜色「二菜一湯」便足已

自「和食」納入聯合國教科文組織非物質文化遺產名錄，日本餐點的基本概念被定義成「三菜一湯」後，大家開始普遍認為，「三菜一湯」的菜單設計為必備條件。

所謂的「三菜一湯」，就是將菜色規劃成白飯、湯品、一道主菜與二道副菜。據說這是基本的和食菜單設計理念，使營養能取得均衡。但是其實**各一道主菜與副菜**，

再加上白飯與湯品的「一菜一湯」，或是一道主菜與二道副菜的「三菜」便已足夠。除了方便料理之外，只要食材夠充實，也能完全兼顧到營養的攝取。

準備「一菜一湯」的餐點時，最推薦的湯品就是加入大量配料的味噌湯。味噌內含多種成分，具有緩衝作用，即便加入酸性或鹼性食材，也能緩和這些食材碰撞後產生的火花，因此無論加入何種配料，味噌湯本身的風味也不會有多大改變。再加上味噌還有淡化腥臭味的作用，所以像是豬肉味噌湯或是鯉魚味噌湯這類會使用到的腥臭味食材，也能加入一起煮。

就像這樣，利用味噌不挑配料種類的包容性，加入蔬菜、肉、魚貝類、豆製品、菇類等各式各樣的食材，烹調出料多味美的味噌湯，喝下一碗湯就能攝取到多樣的營養素，而且各種不同配料也能熬出美味的高湯，真是一石二鳥之計。再加上只要煮一煮即可完成，作法也十分簡單。希望大家一定要善用味噌湯，成為每天菜色變化的一個選項。

端出自家的好味道

人有一種習性，生理上會感覺吃習慣的味道最美味。因此即便長大成人，在判斷料理的風味時，會以小時候常吃的，也是所謂的「媽媽的味道」作為基準，因升學或就業等因素搬出老家後，就會留戀「媽媽的味道」。

即便是同一道料理，每個家庭所使用的食材、調味料的搭配方式、烹調步驟、加熱時間等等都各有不同，料理完成後的風味也各異，這就是自家才能做出來的味道。

忙碌生活讓料理這件事讓人感到畏怯，所以希望大家可以盡可能簡化烹調工序，增加動手做家常菜的機會，輕鬆自在地完成一道料理也好，大家不妨放鬆心情著手試試看吧！

雖然工作及家事總是認真應對，不知不覺容易努力過頭的人，做料理時省略工序可能會心生罪惡感，但是為了家人，堅持每天耗時費力製作料理，結果忙到喘不過氣，笑顏不再的人卻是屢見不鮮，明明是為了家人做料理，但卻無法面帶笑容與家人相處，實在本末倒置。

容我重申，省下不會影響美味度的工序，這樣絕對不是在偷懶。簡單完成料理，才有多餘的時間與氣力，與全家人一起開心過生活，可以輕鬆上桌的家庭料理，除了好吃之外，也能加深家人間的情感。

後記

持續探索美味的祕密

雖然飲食環境掀起了劇烈變化，但是在這五十年來，我仍持續鑽研應用了「官能品評法」的烹調理論。所謂的官能品評法，即謂評定「美味度」的方法，在烹調過程中進行官能品評，探索料理能做得好吃的關鍵而在。

以涼拌菠菜為例，究竟好吃的祕密是在於汆燙的方式？還是拌菜的方式呢？藉由觀察許多料理製作時的每道工序，我發現料理好不好吃，最大的差異便在於一些小細節，這應該就是所謂的訣竅。

一提到訣竅，感覺好像很了不起，其實大部分只要明白前因後果，都能簡單了解。再加上區分成不同的烹調手法或是食材之後，就明白不同料理之間都有共同的特色與屬性，只要解開其中一個疑問，即可應用於各式料理當中，也不容易失敗，甚至還會讓人養成享受做菜的習慣。

再者經我長年以來的研究發現，過去相傳至今的料理祕訣，與現在的祕訣有些不同。無論在食材、器具、加熱火力方面，還是節省時間與精力的需求，烹調環境一直在改變，甚至於人們的生活方式與嗜好等等，都會影響烹調的手法。省下不必要的工序製作料理，這樣絕對不是在偷懶，而是真正迎合現代的烹調方式。

人人都期望身體健康，因此認為均衡的飲食最為重要，但是千萬別忘了，就算是簡單的菜色，但是親手烹調出來的料理當中，卻有將每顆心串連起來的力量。

為了讓大家可以馬上動手試做，本書也為大家介紹了幾道簡易食譜，請大家透過料理實作來體會訣竅的意義所在吧！

松本仲子

生活樹系列 045

家常菜的美味科學

絶対に失敗しない料理のコツ おいしさの科学

作　　者　松本仲子
譯　　者　蔡麗蓉
總 編 輯　何玉美
副總編輯　陳永芬
主　　編　紀欣怡
封面設計　萬亞雰
內文排版　菩薩蠻數位文化有限公司
日本製作團隊　書籍設計／原田恵都子（ハラダ＋ハラダ）
插畫／カワナカユカリ
編輯協助／籔智子
食譜協助／重冨功子

出版發行　采實文化事業股份有限公司
行銷企劃　黃文慧・鍾惠鈞・陳詩婷
業務發行　林詩富・張世明・吳淑華・何學文・林坤蓉
會計行政　王雅蕙・李韶婉
法律顧問　第一國際法律事務所　余淑杏律師
電子信箱　acme@acmebook.com.tw
采實粉絲團　http://www.facebook.com/acmebook

ＩＳＢＮ　978-986-94528-1-6
定　　價　320 元
初版一刷　2017 年 4 月
劃撥帳號　50148859
劃撥戶名　采實文化事業股份有限公司
104 台北市中山區建國北路二段 92 號 9 樓
電話：(02)2518-5198
傳真：(02)2518-2098

國家圖書館出版品預行編目資料

家常菜的美味科學 / 松本仲子作 ; 蔡麗蓉譯 . -- 初版 . -- 臺北市 : 采實文化 , 2017.04
面 ;　公分 . -- (生活樹系列 ; 45)
譯自 :　に失敗しない料理のコツ : おいしさの科學

ISBN 978-986-94528-1-6(平裝)

1. 食譜

427.1　　106003309

采實出版集團
ACME PUBLISHING GROUP